国家自然科学基金项目（编号 51908115）

U0173428

步行城市
WALKABLE CITY

城市中心区更新实践
CITY CENTER REGENERATION PRACTICE

葛天阳　著

中国建筑工业出版社

图书在版编目（CIP）数据

步行城市：城市中心区更新实践 = Walkable City:
City Center Regeneration Practice / 葛天阳著 . —
北京：中国建筑工业出版社，2021.12 （2024.1重印）
ISBN 978-7-112-26793-4

Ⅰ . ①步… Ⅱ . ①葛… Ⅲ . ①市中心—城市空间—城
市规划—英国 Ⅳ . ① TU984.16

中国版本图书馆 CIP 数据核字（2021）第 211108 号

责任编辑：滕云飞　段　宁
责任校对：王　烨

步行城市

WALKABLE CITY

城市中心区更新实践

CITY CENTER REGENERATION PRACTICE

葛天阳　著

*

中国建筑工业出版社出版、发行（北京海淀三里河路9号）
各地新华书店、建筑书店经销
北京点击世代文化传媒有限公司制版
北京中科印刷有限公司印刷

*

开本：787 毫米 ×1092 毫米　1/16　印张：11¼　字数：229 千字
2021 年 12 月第一版　2024 年 1 月第二次印刷
定价：50.00元
ISBN 978-7-112-26793-4
（38601）

前　言

曾几何时，宽阔的马路、耸立的高楼、快捷的车行，代表着现代化城市建设的发展与进步，道路被誉为"城市的动脉"，将车的"血液"输送至城市各处。这带来了城市的快速发展与高效运转。但同时，城市作为人居住与生活的场所，其人性化品质却常遭到忽视。

当今，城乡建设的重点已由城镇化快速发展转为人性化品质提升。步行作为人的生活的重要部分，其品质日益受到重视。城市中心区是城市中人的活动最密集的地区，城市中心区步行环境的改善对城市人性化品质整体提升具有重要意义。

英国城市中心区的更新实践是步行城市建设的典型优秀代表。经过长期的更新发展，英国城市中心区已经由车行核心的空间结构更新转化成为典型的以步行为核心的空间结构，城市空间品质得到大幅提升。其更新历程及空间模式的经验具有借鉴意义。

结合英国 20 余个城市中心区的更新实例，本书阐述在步行优先理念指导下，英国城市中心区近百年来的更新历程及现状，包括其总体更新发展趋势、宏观空间结构特征、更新路径模式、中观空间建构策略及细部空间处理手法。

本书适合城乡规划、建筑学、风景园林相关专业从业人员及在校师生阅读，在城市更新的实践工作及课题研究过程中，能够提供一些参考。

在研究过程中，得到东南大学阳建强教授的方向性指引；在英国资料的搜集方面，得到加的夫大学于立老师的悉心指导；在英国实地考察及资料整理过程中，得到东南大学后文君老师的大力支持。在此表示衷心感谢。

目　录

前　言 ·· Ⅲ

第 1 章　步行与城市中心区 ··· 001

　　1.1　步行优先的背景与意义 ·· 001

　　1.2　城市中心区相关研究概况 ······································ 003

　　　　1.2.1　国外研究概况 ··· 003

　　　　1.2.2　国内研究概况 ··· 006

　　　　1.2.3　小结 ··· 009

　　1.3　英国步行优先理念的发展 ······································ 010

　　　　1.3.1　理论起源：Home Zone 理念的底蕴 ··············· 010

　　　　1.3.2　理论交流：交通稳静化理念的引入 ················ 011

　　　　1.3.3　地方探索：学者和地方政府的探索 ················ 012

　　　　1.3.4　国家探索：政府和全英国层面的探索 ·············· 014

　　　　1.3.5　理论现状：步行优先理念的确立和共识 ··········· 015

　　1.4　研究对象 ··· 017

　　　　1.4.1　相关概念 ·· 017

　　　　1.4.2　研究范围 ·· 017

第 2 章　步行化更新趋势 ··· 020

　　2.1　从车行优先向步行优先的转化 ································ 020

　　　　2.1.1　第一阶段：车行主导阶段（1920 年代以前） ······ 020

　　　　2.1.2　第二阶段：车行外迁阶段（1930 年代—1960 年代） ······ 021

　　　　2.1.3　第三阶段：步行主导阶段（1970 年代至今） ······ 021

　　2.2　城市核心道路的步行化 ·· 022

　　　　2.2.1　核心道路步行化的基本过程 ························· 022

　　　　2.2.2　核心道路步行化的进展现状 ························· 024

　　　　2.2.3　核心道路步行化的总体趋势 ························· 026

2.3 步行道和限行道总量稳步增多 ······················· 028
  2.3.1 步行道的出现时间 ······························· 028
  2.3.2 数据来源统计方法 ······························· 029
  2.3.3 英国总体增长趋势 ······························· 030
  2.3.4 各城市的增长趋势 ······························· 031
2.4 限行道的丰富和广泛应用 ····························· 033
  2.4.1 限行道的含义 ································· 033
  2.4.2 限行道的作用 ································· 034
  2.4.3 限行道的类型 ································· 034
2.5 小结 ··· 037

第3章 空间结构特征 ····································· 038
3.1 步行体系的核心地位 ································· 039
  3.1.1 空间核心 ··································· 039
  3.1.2 发展核心 ··································· 039
  3.1.3 交通核心 ··································· 040
  3.1.4 功能核心 ··································· 041
3.2 车行交通的环路结构 ································· 044
  3.2.1 空间模式 ··································· 044
  3.2.2 作用机制 ··································· 046
  3.2.3 缓冲区 ····································· 047
  3.2.4 停车场 ····································· 047
3.3 环路结构的空间尺度 ································· 048
  3.3.1 统计方法 ··································· 048
  3.3.2 统计结果 ··································· 049
  3.3.3 结论分析 ··································· 051
3.4 公共交通的组织方式 ································· 052
  3.4.1 便捷的中心区对外联系 ··················· 053
  3.4.2 公交环的高效换乘模式 ··················· 053
  3.4.3 公交优先的空间布局 ····················· 054
3.5 英国模式空间结构的代表案例 ····················· 057
  3.5.1 典型结构案例：德比 ····················· 057
  3.5.2 环形路网案例：考文垂 ··················· 057

3.5.3　矩形路网案例: 利物浦 ……………………………………… 059

3.5.4　组合路网案例: 诺丁汉 ……………………………………… 061

3.5.5　多环变形案例: 利兹 …………………………………………… 062

第4章　更新路径模式 ………………………………………………… 064

4.1　逐步扩大式 …………………………………………………………… 064

4.1.1　第一阶段: 车行中心阶段 …………………………………… 064

4.1.2　第二阶段: 环路形成阶段 …………………………………… 065

4.1.3　第三阶段: 中心扩展阶段 …………………………………… 066

4.1.4　第四阶段: 环路扩展阶段 …………………………………… 068

4.1.5　逐步扩大式演化途径的城市中心区 ……………………… 069

4.2　一步到位式 …………………………………………………………… 073

4.2.1　第一阶段: 车行中心阶段 …………………………………… 073

4.2.2　第二阶段: 环路修建阶段 …………………………………… 074

4.2.3　第三阶段: 内环过渡阶段 …………………………………… 075

4.2.4　第四阶段: 步行核心阶段 …………………………………… 076

4.2.5　一步到位式演化途径的城市中心区 ……………………… 079

4.3　远期规划式 …………………………………………………………… 080

4.3.1　第一阶段: 车行中心阶段 …………………………………… 080

4.3.2　第二阶段: 环路形成阶段 …………………………………… 081

4.3.3　第三阶段: 内部优化阶段 …………………………………… 083

4.3.4　远期规划式演化途径的城市中心区 ……………………… 085

4.4　几种不常见的演化现象及解析 …………………………………… 087

4.4.1　演化途径: 伯明翰一步到位式向逐步扩大式的转化 …… 087

4.4.2　环路尺度: 布里斯托尔车行环的缩小 …………………… 087

4.4.3　环路形态: 爱丁堡双环式向单环式的转化 ……………… 089

4.5　小结 …………………………………………………………………… 092

4.5.1　殊途同归 ………………………………………………………… 092

4.5.2　车行环与核心功能区的协同发展 ………………………… 092

4.5.3　改变道路性质的普遍手法 …………………………………… 092

4.5.4　适应性比较 …………………………………………………… 092

第 5 章　建筑街区一体化 ································· 093

　　5.1　利物浦城市中心区案例 ······················· 094

　　　　5.1.1　Liverpool One 的更新历程 ·············· 094

　　　　5.1.2　建筑内外一体化的步行体系 ·············· 095

　　　　5.1.3　产权内外一体化的停车空间规划 ·········· 099

　　5.2　利兹城市中心区案例 ························· 100

　　　　5.2.1　Trinity Leeds 的更新历程 ············· 100

　　　　5.2.2　建筑内外一体化的步行体系 ············· 101

　　　　5.2.3　平面直通连续的步行网络 ············· 103

　　5.3　加的夫城市中心区案例 ····················· 106

　　　　5.3.1　St. David's Centre 的更新历程 ········ 106

　　　　5.3.2　建筑内外一体化的步行体系 ············· 107

　　　　5.3.3　拱廊之城 ························· 109

　　5.4　小结 ······························· 110

　　　　5.4.1　步行体系打破产权边界 ··············· 110

　　　　5.4.2　步行体系的平整性原则 ··············· 110

　　　　5.4.3　步行体系的顺畅性原则 ··············· 110

　　　　5.4.4　步行体系的连续性原则 ··············· 110

第 6 章　细部空间优化——以伦敦 Oxford Circus 为例 ····· 111

　　6.1　案例概况 ···························· 111

　　　　6.1.1　区位 ·························· 111

　　　　6.1.2　概况 ·························· 111

　　6.2　主要问题 ···························· 113

　　　　6.2.1　步行空间总量不足 ················· 113

　　　　6.2.2　行人安全难以保障 ················· 114

　　　　6.2.3　步行流线不够便捷 ················· 114

　　　　6.2.4　行人之间相互干扰 ················· 115

　　　　6.2.5　城市家具占用空间 ················· 115

　　　　6.2.6　步行环境品质不高 ················· 116

　　6.3　改造策略 ···························· 116

　　　　6.3.1　ORB 行动规划 ·················· 116

　　　　6.3.2　增加步行面积 ·················· 118

6.3.3　优化步行流线 ·· 118

6.3.4　保护行人安全 ·· 118

6.3.5　重塑步行景观 ·· 119

6.3.6　改善公交体系 ·· 119

6.3.7　限制汽车通行 ·· 119

6.4　X形人行横道的应用 ·· 119

6.4.1　X形人行横道 ·· 119

6.4.2　步行流线优化 ·· 121

6.4.3　过街距离缩短 ·· 121

6.4.4　空间利用率高 ·· 122

6.4.5　步行更加安全 ·· 123

6.5　小结 ·· 123

6.5.1　步行优先的空间分配 ·· 124

6.5.2　公交体系的支撑作用 ·· 125

6.5.3　细致入微的设计深度 ·· 126

第7章　经验与启示··· 128

7.1　以人为本的人车空间分配 ·· 128

7.1.1　以人为本的内涵解析 ·· 128

7.1.2　人车空间与社会公平 ·· 129

7.1.3　人车空间与人本价值 ·· 129

7.1.4　城市应是"人的空间"而非"车的空间"················· 130

7.2　人车空间分配失衡及其引发的城市问题 ··················· 130

7.2.1　土地分配结构不均衡 ·· 130

7.2.2　城市空间结构不合理 ·· 131

7.2.3　社会公平结构被忽视 ·· 131

7.2.4　交通拥堵的恶性循环 ·· 132

7.3　人车空间分配失衡现象的成因·································· 132

7.3.1　对车的重视和对人的忽视 ······································ 132

7.3.2　交通问题的成因认识不清 ······································ 132

7.3.3　解决交通问题的手段不足 ······································ 133

7.4　步行优先以人为本空间再分配的时代契机 ··············· 133

7.4.1　城市更新：提升品质的发展方向和优化结构的工作方法 ·········· 133

      7.4.2　供给侧改革：以人为本的空间品质提升成为必然 ……………… 134

      7.4.3　可持续发展：绿色出行和慢行优先成为广泛共识 ……………… 134

   7.5　步行优先的空间再分配策略 …………………………………………… 134

      7.5.1　控制路面总量 ……………………………………………………… 135

      7.5.2　优化城市结构 ……………………………………………………… 135

      7.5.3　减少出行需求 ……………………………………………………… 136

      7.5.4　深化理论研究 ……………………………………………………… 136

   7.6　小结 ………………………………………………………………………… 137

图目录 ……………………………………………………………………………… 138

表目录 ……………………………………………………………………………… 144

参考文献 ………………………………………………………………………… 145

第1章　步行与城市中心区

步行城市指以空间品质提升为目标，以步行优先为指导思想，将步行系统的优化与完善优先考虑，其他空间系统与步行系统协调发展的城市更新模式。

新时代背景下，人性化品质提升成为城市发展的重要目标。步行作为人在城市中各类行为的重要载体，其空间品质日益受到重视。城市中心区是城市中人的活动最密集的地区，城市中心区步行环境的改善对城市整体人性化品质提升具有重要意义。

步行城市的建设不仅限于步行系统本身的环境优化，更是指围绕步行品质优化的包含步行系统、车行系统、功能布局、建筑单体等一系列空间系统的耦合协同优化，是一项综合的系统工程。经过长期的更新发展，英国城市中心区已经由车行核心的空间结构更新转化成为典型的以步行为核心的空间结构，城市空间品质得到大幅提升。

1.1　步行优先的背景与意义

随着科技的进步和城市的发展，西方国家对城市结构和出行方式的探讨从未间断。目前，在可持续发展和以人为本的大背景下[1, 2]，步行优先的理念已达成广泛共识。[3-8]

1850 年代以前，马车和步行是城市交通的主要方式，人行、马车混行。[9]工业革命之后，机器时代的来临使这一情况发生改变，车行交通（包括小汽车、公交车、自行车等）占据了主要道路和广场空间，而行人被迫离开了街道和广场。第二次世界大战以后，车行交通造成了严重的污染、疾病等问题，人们开始反思对车行交通的依赖，步行交通开始重新得到重视。目前，随着人们对可持续发展和健康城市的日益重视，步行优先的理念已经在西方国家达成了广泛共识[10-13]，社会各界对步行优先的优势有了较为深刻的认识。

第一，步行优先是全球可持续发展的必须环节。[14]步行优先的城市建设，能够减少机动车出行，减轻道路拥堵，达到减少碳排放的目的。尽管有各种各样的技术手段，步行优先仍然是一种应对能源紧缺及气候变化、减少污染及噪声、增加安全性及流动性的，便宜、可操作、重要的途径。[15, 16]

第二，步行优先可以体现社会公平。步行是很多人生活的必须组成部分，步行系统能够满足社会各个阶层的使用需要[17]，最弱势的群体从步行体系建设中的获益最大。[18]尽管中低阶层无法参与规划编制过程，决策者仍应把步行看作基本的人权，予以尊重。[17]

第三，步行使城市更加健康。[19] 缺乏运动是西方社会危害健康的重要因素。[18] 步行能够便宜、方便、愉快地降低人们肥胖的危险，促进身体健康[17]，世界卫生组织也建议通过每天步行的方式取代一些药物治疗。[20] 相关研究表明，同等的金钱，投入步行体系的建设远比投入其他地方对人的健康状况更有帮助。[18]

第四，步行环境的优化能够提升城市空间品质，吸引人才和游客，提升城市竞争力。商人、游客、投资商、人力资源都是宜居的城市空间的直接消费者。[15] 良好的步行空间不仅能够使城市更加宜居，还能提升城市档次，吸引更多人才，推动城市建设，吸引消费和投资，促进经济的发展。[21]

步行优先，绿色交通，已经成为我国城市更新的发展理念，被一再强调。国家新型城镇化规划明确指出发展绿色交通，加强步行和自行车等慢行交通系统建设。[22] 国家"十三五"规划也要求推进城市交通低碳发展，实行公共交通和步行交通优先，鼓励绿色出行。[23] 供给侧结构性改革的原理也要求营造宜人的城市中心区，满足高端供给需求。

然而在现实中，步行优先的理念尚未得到重视，以步行优先为理念的城市中心区建设也显不足。甚至在城市中心区实际建设过程中传递出"车行优先"的信号，增强了市民选择车行的意愿，这使得城市中心区进入了"堵车—扩路—更多车—更堵车"的恶性循环，更加恶化了城市环境，不利于可持续发展。

我国近年出台的多项政策都要求大力发展步行体系和绿色交通，尤其在城市中心区。2014 年《国家新型城镇化规划（2014-2020 年）》将"加强步行和自行车等慢行交通系统建设"作为绿色城市建设的重点（第十八章，第一节）。[22] 2015 年，中央城市工作会议提出"推动形成绿色低碳的生产生活方式和城市建设运营模式"。[24] 2016 年，《中华人民共和国国民经济和社会发展第十三个五年规划纲要》提出"加强城市步行和自行车交通设施建设。全面推进无障碍设施建设"（第三十四章，第二节）。[25] 2017 年，《住房和城乡建设部关于加强生态修复城市修补工作的指导意见》更加明确提出"适当拓宽城市中心、交通枢纽地区的人行道宽度，完善过街通道、无障碍设施，推广林荫路，加快绿道建设，鼓励城市居民步行和使用自行车出行"。[26] 2017 年，《决胜全面建成小康社会 夺取新时代中国特色社会主义伟大胜利》党的十八届中央委员会向中国共产党第十九次全国代表大会的报告中提出"建设美丽中国"，并强调"绿色出行"的重要性。[27]

本书研究所选对象及其系统性在国内城市中心区相关研究中尚属首次。目前，国内关于国外城市中心区的研究，其案例多集中在少数特大城市，如伦敦、巴黎、纽约、东京等，案例较为局限。本书选择了英国 22 个城市的中心区，反映了英国概貌；资料跨度百年，反映了其更新的完整历程。本书研究所选的案例，对国内城市中心区的相关研究具有借鉴意义。

城市中心区绿色交通在国内外均为最热门的研究议题，然而，我国在城市中心区绿色交通领域的研究具有一定局限性，常孤立地讨论步行体系本身，忽视步行与车行、步行与整体空间结构的关系，步行体系建设的手段也十分有限。英国步行优先的理念自1930年代起，已经发展了近百年，形成了明确的步行优先指导思想、一大批相关学术研究和成体系的法律法规保障。研究英国城市中心区的更新，能够有效开拓我国相关研究的视野和思路。

我国城市中心区步行体系的地位尚未得到足够重视，步行优先的建设相对落后。城市中心区空间结构不合理，仍以车行轴线为空间框架；土地分配结构不合理，车行系统地位过高，步行体系的空间受到挤压；社会公平结构不均衡，步行群体的利益得不到保障；交通拥堵恶性循环，越修路，车越多，路越堵的恶性循环正在加剧。英国城市中心区将步行体系和绿色交通置于更加重要的地位，引领了城市空间结的转变，规划手法灵活多样，塑造了良好的、以人为本的、高品质的城市中心区空间，对中国步行优先城市中心区的建设具有指导意义。

1.2　城市中心区相关研究概况

1.2.1　国外研究概况

近年来，国外关于城市中心区的研究方向更多地关注以人为本、文化传承、可持续发展、绿色交通等方向。Peter Hall（2014）指出21世纪城市发展的五个主要问题与工作方向：平衡经济发展与就业之间的关系，需要创造适合大众的好的就业机会[28]；提高建筑建造质量，创造更好的家园；通过全局系统的规划，建立以"沟通人与场所"为目的的交通体系；合理利用资源，以减小对地球气候的影响；创造良好有效的城市更新机制。

（1）以人为本

Peter Hall（2014）提出创造与人友善的城市（Sociable Cities），并指出其实现的要点：第一，需要在全局范围实现可持续发展，尤其是压力大的地区；第二，控制土地的使用，把土地利用控制在合适的量、合适的时间和合适的目的；第三，城市建设应选择公平、高效、方便的方式，不能对公众造成大的压力，包括经济、环境等方面；第四，关注基础设施的建设；第五，适度用地混合。[29]

Phil Jones 和 James Evans（2013）指出城市更新的核心目的，是把城市打造成为一个适合生活和居住的场所。还指出改善人的居住环境，提供更充足、更好的住房是目前的一个主要研究方向。[30]Yvonne Rydin（2013）认为城市中心区的建设与发展应该不仅"以GDP为代表的增长主义"为唯一目的，而应该更多地关注"人"，关注人的生活环境、工作环境和居住环境，并且要注意环境的保护。[31]Vikas Mehta（2014）指出在城市中心区内的规划与设计，应以"街道"（Street）为基本设计单位，以"与人友善"

为设计目标，关注人在街道中的各种活动，不仅把街道看作商业街，还要把街道看作人们聚集与活动的场所，应把街道打造成为对所有人都有吸引力的场所，包括老人、儿童、以及社会各阶层的人。[32]Ali Madanipour（2013）研究了城市中心区内公共空间的发展趋势，指出需要在城市中心区创造以人为本，服务大众的公共空间，并简要介绍了其空间营造手段。[33]Norhafizah Abdul Rahman（2015）以吉隆坡为例，探讨了如何进行以人为本的城市中心区公共空间营造。[34]Michael A. Burayidi（2013）探讨了小城市中心区的功能、空间塑造策略。[35]Carlos J. L. Balsas（2014）指出城市中心区的规划策略不应仅以商业商务功能为核心，而应重点考虑促进大众对中心区公共空间的使用。[36]Alex McClimens（2014）从以人为本的视角，以设菲尔德为例，研究了学习障碍患者（learning disability）在城市中心区的行动体验，为建设以人为本服务大众的城市中心区提供了依据。[37]David J. Madden（2014）指出城市中心区规划的重点是邻里（Neighborhood），并进一步指出邻里并不仅指地图上的某个区域，更是指各种深层次的关系及博弈。[38]

（2）文化传承

Angelo Caloia（2014）研究了意大利城市米兰城市中心区更新过程中对核心历史地段和重要历史建筑的保护问题。[39]Giuseppe Meucci Valeria Caldelli（2011）研究了意大利城市皮亚扎（Piazza）城市中心区更新过程中的景观营造问题和历史建筑保护的技术问题。[40]Timothy Verdon（2016）研究了意大利城市佛罗伦萨城市中心区在发展过程中历史的传承与保护手段、策略和案例。[41]F. Da Porto（2013）介绍了意大利城市拉奎拉（L'Aquila）城市中心区更新中的历史建筑评估及保护措施。[42]

（3）可持续发展

Andrew Tallon（2013）从"物质空间、使用功能、生态环境、社会经济、城市景观"五个方面概括了可持续发展的城区应该具备的特征。[43]Samira Louafi Bellara（2016）研究了在城市中心区范围内不同植被类型对提高舒适度的作用。[44]Samuel Henchoz（2015）以日内瓦为例，介绍了在城市中心区域减少碳排放的工作框架及具体措施。[45]Mary J. Thornbush（2015）以英国牛津为例，探讨了在城市中心区采用合理的交通控制模式，以减少气态污染物排放的OTS策略（The Oxford Transport Strategy）。[46]Tero Lähde（2014）研究了城市中心区在不同交通模式下，空气中的有害微粒和有害气体的分布情况，指出车行交通繁忙的道路周边空气较差，不适宜人的活动。[47]PRC Drach（2014）以格拉斯哥城市中心区两个地段为例，探讨了城市形态对于城市热岛效应的影响和城市中心区的生态策略。[48]Amber L. Pearson（2014）简述了在城市中心区公共空间内吸烟的不良现象，以新西兰的惠灵顿为例，调研了室外吸烟情况在城市中心区的分布，并指出了其对城市中心区公共空间的危害。[49]

（4）绿色交通

Jeff Speck（2013）指出城市中心区域的步行系统建设对城市的重要作用，并且提出了"实用、安全、舒适、有趣"的步行体系建设要求。[50]Nick Sweet（2017）指出包含步行、自行车和各种公交在内的绿色交通是英国生态城镇建设的重要组成部分。[51]Carmen Hass-Klau（2015）指出步行交通在城市中的重要作用，阐述了步行交通在西方国家逐步受到重视的发展过程，以及其在英国、德国、挪威、丹麦等国家的城市中心区普遍发展的实际情况。[52]Cynthia Brown（1995）和 Helen E. Boynton（2001）考察了英国城市莱斯特城市中心区的发展历史[53]，概括了其由机动车交通向绿色交通转变的发展历程。[54]Mark Norton（2014）和 Paul Leslie Line（2011）考察了英国城市伯明翰城市中心区的功能及空间演化[55]，概括了其以步行系统为框架的城市中心区的发展历程。[56]Albert Smith & David Fry（2009）考察了英国城市考文垂城市中心区的功能及空间演化，记录了其人车分流空间结构的形成历程。Thilo A. Becker（2017）研究了在城市中心区收取交通拥堵费，以限制车行交通的方法及措施，并以都柏林为案例进行了阐述。[57]Daniël Reijsbergen（2015）探讨了城市中心区内公交系统的发展和分布。[58]William Clayton（2014）以英国城市巴斯为例，研究了城市中心区公共汽车的站点分布和自行车的通行结构。[59]Saleem Karou（2014）以英国城市爱丁堡为例，研究了城市中心区交通量的预测及交通基础设施的建设。[60]Richard Arnott（2015）研究了城市中心区内采用收取不同价格停车费的方式以控制中心区车行，还探讨了车行空间与步行空间在城市中心区内的分配策略。[61]Bruno De Borger（2015）设计了一种通过收取不同停车费用以及设置车行禁区来调配城市中心区停车压力的方法。[62]Raktim Mitra（2016）指出在保护环境和注重健康的理念指导下，北美地区已经开始注重自行车基础设施在城市中心地带的建设，以达到疏解车行交通的目的。[63]

（5）技术与方法

James Charlton（2015）探讨了虚拟城市模型在城市中心区公共空间营造中的应用。[64]Rodica Ciudin（2014）探讨了在历史城市的中心区内采用真空垃圾收集体系以改善中心区环境的方法。[65]Ruth Siddall（2016）探讨了石材在伯明翰城市中心区内的使用情况，并阐述了其对改善城市中心区环境的作用。[66,67]Ignacia Torres（2013）以圣地亚哥为例，探讨了城市中心区中，住房和邻里空间的综合评估。[68]Andres Coca-Stefaniak（2014）通过全球视角的研究，阐述了城市中心区树立自身特色与品牌的重要性及方法策略。[69]Luisa Basset-Salom（2014）研究了城市中心区的建筑防震。[70]Philip Ushchev（2015）探讨了中心区商业功能向郊区转移的可能性。[71]

（6）案例研究

Sam Atkinson（2016）以图示的方法，列举了世界主要大城市中心区的简要发展历史。[72]Times（2010）以图示的方法，概括了英国主要城市中心区百年来的空间变化。[73]
Michael Underwood（2015）研究了英国城市朴次茅斯新中心区的建设，阐述了城市由
单中心向双中心的演化，和滨海码头区改造再利用过程中的空间结构、经济、文化、功
能等问题。[74]Alan Hopper & John Punter（2007）研究了英国城市加的夫城市中心区的
更新历程，研究了其城市中心区的更新策略、发展阶段，概括了提升城市中心区吸引力
和城市竞争力的主要手段，指出了其在城市环境方面做出的努力。[75]Mark Isaacs（2005）
则研究了加的夫城市中心区更新过程中的城市空间结构问题，指出了其向以人为本、绿
色交通的思路转变。[76]Alistair Lofthouse（2006）研究了英国城市设菲尔德城市中心区
的更新过程，阐述了其交通、功能、空间结构等方面的变化。[77]Eliot Tretter（2013）介
绍了奥斯汀城市中心区历年来在可持续发展、营造良好城市中心区环境、减少犯罪率方
面所做的努力。[78]

1.2.2　国内研究概况

绿色交通同样是国内城市中心区相关研究的主要内容，在此之外，国内城市中心区
相关研究主要关注空间的高效利用，研究议题集中在存量空间的开发、地下空间的开发
空间营造手法等议题。

陈一新（2006）探讨了城市中央商务区的基本概念、形成原因、规划设计，并介绍
了国内外多个城市 CBD 的形成、发展与现状概况。[79]杨俊宴（2013）探讨了城市中心
体系的模式、体系及空间布局，和城市中心区的空间模式、功能、交通、景观。[80]梁江、
孙晖（2007）研究了中国城市中心区形态演变的形态模式、演化动因和总体规律，并提
出了城市中心区规划的原则与模式。[81]沈磊（2014）探讨了城市中心区的相关理论，包
含中心区的类型、范围、职能与结构，并在经济、交通、城市设计等视角下，阐述了中
心区的基本特征与规划要求，并探讨了城市中心区的功能布局、公共空间、历史文化、
交通设施、地下空间以及城市安全。[82]杨俊宴（2008）以量化的方法，研究了中国 CBD
的发展状况、空间模式、功能特征和配套产业。[83]

（1）存量空间

随着对土地资源短缺认识的提高[84]，和对增长主义发展方式的反思[85-87]，我国城市
发展从"增量扩张"向"存量优化"的转型已得到政府及社会各界的广泛重视。[88-90]国
家层面提出了划定城市增长边界的要求[91]，"十三五"规划（2016-2020 年）指出：要大
幅提高资源利用效率，有效控制建设用地总量，逐年减少建设用地增量，并且强化约束
性指标管理，实行建设用地总量和强度双控行动。[92]增量和存量规划并重成为城市规划
工作的必然选择。[93]

近年来，已有一些存量规划的实践与探索，既有深圳[90, 94]、上海、北京[89]等特大

城市新一轮的总体规划，也有控制性详细规划[95]、城市设计[96]、更新规划[97, 98]等详细规划。赵怡（2015）以宁波城市中心区为例，进行了存量规划视角下的城市中心区更新策略研究。[99]

存量规划顺应我国城市发展从"增量扩张"向"存量挖潜"转型的整体思路[96]，是在不新增建设用地的前提下，以建成区存量空间为对象，以优化调整为主要内容的各类规划。第一，存量规划概念的提出是基于在国家层面对城市新增建设用地实行严格控制的现实背景[91]；第二，存量规划以存量空间为对象，包含建成区内所有的土地及建筑，如使用现状良好或不好的土地、建筑等；第三，存量规划应充分尊重并利用现状，以优化调整为主要内容，鼓励"针灸式"规划[93]，避免大拆大建。

（2）地下空间

方勇（2004）、付玲玲（2005）探讨了城市中心区地下空间的整合[100]与设计。[101]王珊（2016）研究了城市中心区地下商业街的活力营造方法。[102]周伟民（2016）以上海陆家嘴为例，探讨了城市地下空间与人性交通空间的整合策略。[103]高跃文（2016）以天津于家堡金融区为例，探讨了地下人行系统的规划。[104]王荻（2016）、薛鸣华（2015）以上海为例[105]，探讨了城市中心区地下空间开发利用与轨道交通的结合。[106]朱兴平（2014）以南京市浦口新城为例，对城市中心区中央绿轴地下空间进行了研究。[107]王哲（2013）以天津西站城市副中心为例，探讨了大型综合交通枢纽带动下城市中心区的规划与发展。[108]

（3）绿色交通

孙靓（2012）阐述了城市步行化的相关理论，包括城市步行化的发展历程、步行化的基本特征、步行空间的类型、步行空间的发展趋势，并讨论了步行化在我国的发展策略。[109]Jeff Speck（2016）阐述了建设适宜步行城市的重要性，并指出了实现步行城市的主要步骤。[110]刘涟涟（2013）研究了德国城市中心区步行与绿色交通的理论、规划及策略，概括了德国城市中心区步行化的发展历程，阐述了德国步行优先相关研究的理论框架，探讨了机遇绿色交通的城市中心区的规划策略，并对步行理论在中国的可行性做了讨论。[111]Carmen Hass-Klau等（2008）阐述了交通稳静化的基本理论和主要措施，并介绍了英国、德国、荷兰、丹麦、瑞典各国交通稳静化的建设情况和基本案例。[112]叶洋（2016）探讨了基于绿色交通理念的城市中心区空间结构及优化。[113]叶洋（2016）探讨了步行与公交出行的空间在寒地城市中心区适宜性。[114]周刚（2016）研究了地铁建设对城市中心区更新与改造的影响。[115]吴泳刚（2016）以虎门新中心区为例，研究了城市中心区步行体系的规划方法。[116]何惠敏（2016）以深圳为例，探讨了在城市中心区收取交通拥堵费的可行性。[117]金俊（2016）以广州珠江新城和深圳福田中心区为例，对城市CBD步行环境质量的量化评价进行了探索。[118]王兆迪（2016）对以慢行休闲为导向的大城市中心区步行环境进行了调研与分析。[119] 李虎（2015）进行了城市中心区轨道交通站点以及步行系统空间效益研究。[120] 王雅妮（2015）进行了城市中心区轨道交通站点地段地下空间整合研究。[121] 何建军（2014）以宁波市三江口滨水核心区为例，探讨了城市中心区步行空间的标识系统规划。[122] 罗小虹（2014）对国内外城市中心区立体步行交通系统建设进行了研究。[123] 白韵溪（2014）探讨了轨道交通影响下的城市中心区更新策略。[124] 胡万欣（2014）探讨了市场化条件下城市中心区机动车停车收费定价策略。[125] 拓莉娜（2014）探讨了城市中心区交通微循环的改善。[126] 王剑（2014）探讨了步行化设计策略在我国大城市中心区建设中的实践意义。[127] 周静（2014）研究了城市中心区交通拥堵收费有效性[128]。庄宇（2014）以沪、港城市中心区的四个案例为样本，对地铁站域多层面步行路径的密度和转换进行了分析。[129] 王晓南（2013）以加拿大卡尔加里"15 分钟步行"（+15 walkway）为例，探讨了城市中心区空中步行系统。[130] 张嘉懿（2013）探索了基于步行城市构想的城市中心区步行系统设计。[131] 陈前虎（2017）以杭州为例，以异质性的视角研究了街区复合环境与步行行为。[132] 刘珺（2017）以上海为例，研究了步行环境的改善方法。[133]

（4）以人为本

"十三五"规划提出"发展为了人民，发展成果由人民共享"和"推进以人为核心的新型城镇化"。[134, 135] 然而，以人为本是形而上的，取巧的可以把任何政策形容成以人为本。[136] 城市建设中的以人为本可以从"人的群体分布"和"人的需求分布"两个维度进行解析。

第一，以人为本是"社会公平"，是以各群体的均衡为本。马克思主义认为以人为本的"人"应该理解为所有的现实的人[137]，在城市中即指所有城市人，既包含户籍人口也包含流动人口，既包含富裕群体也包含贫困群体。这要求充分尊重不同的阶层人群、不同类型人群。在现实中，尤其需要关注城市中的弱势群体。[138] 所以，切实体现社会公平，才是以人为本。

第二，以人文本是"人本价值"，是以人的真正需要为本。随着效率至上的城市发展，产生了环境污染、人居恶化、交通拥堵等城市病。而实际上，人的需求是多方面的，不仅是非人性的数字与指标增长。城市在满足市民物质需要的同时，还要满足市民精神文化等各方面需要，关注市民生活质量的全面提高和人的全面发展。[139] 只有进行充分价值取舍，满足凸显人本价值的真正需要，才是以人为本。

汪程（2016）以南京新街口为例，研究了人群空间利用的时空特征。[140] 王超（2016）探讨了女性视角的城市中心区空间环境特征。[141]

（5）空间营造

黄关子（2016）以广州南沙焦门河中心区为例，探讨了城市滨水中心区的设计思路。[142] 雷宇（2015）探讨了城市旧中心区开放空间环境的分析与改造。[143] 钱舒皓（2015）、孙欣（2015）和张涛（2015）进行了城市中心区声[144]、热[145]、风[146]与空间形态的耦合研究。王淼（2016）进行了高密度状态下城市中心区空间设计的研究。[147] 白韵溪（2014）以日本东京汐留地区为例，探讨了基于立体化交通的城市中心区更新规划。[148] 郭晓宇（2014）以北京市丽泽商务区为例，探讨了城市中心区街道美学下的安全设计。[149] 王冰冰（2013）探讨了城市中心区大体量建筑对城市空间宜人性的影响。[150]

（6）案例研究

陈一新（2015）回顾了深圳市福田中心区 30 年来的建设发展，回顾了其建设之初的时代环境及客观条件，梳理了其开发建设过程中的管理模式，评价了其中心区规划编制及其实施成效，探讨了创新中心区规划编制及实施的理论模式，并对福田中心区规划建设做了总体评价。[151] 沈磊（2014）探讨了天津城市中心区的发展演变，从规划布局、交通系统、城市形态、开放空间、地下空间、历史文化传承等方面阐述了天津文化商务中心区的规划建设，并对天津海河两岸城市中心区进行了梳理与解读。[82] 王朝晖、李秋实（2002）研究了城市 CBD 的主要特征，并介绍了伦敦、悉尼、巴尔的摩的中心区案例。[152]

1.2.3 小结

城市中心区的相关研究一直是重要的城市规划研究领域。其中，绿色交通在国内外均为最热门的研究议题。在此之外，国内研究主要关注空间的高效利用，研究议题集中在存量空间的开发、地下空间的开发空间营造手法等议题；国外研究更加重视中心区的社会性，研究议题集中在以人为本、技术方法和可持续发展等议题。

在绿色交通的具体内容中，国外研究注重步行优先，在城市中心区限制车行，步行体系在城市中心区占据核心地位。国内研究与之相比有一定不足。

第一，忽视城市中心区整体结构。常孤立地研究步行体系本身。

第二，忽视步行与车行的关系。常把车行交通当作基础现状，缺乏辨证研究。

第三，步行体系空间分配的优先度低。步行体系常设计成二层平台，或者与地下空间结合，而城市土地资源中最宝贵的"地面层"却被车行大量占用。

第四，忽略步行体系的品质。步行体系的建设多停留在"通行"层面，步行体系的空间结构作用、社会生活作用远未得到重视。

总之，在国内的城市中心区中，步行优先的理念尚未得到足够重视，步行优先的城市建设也比较不足。

1.3 英国步行优先理念的发展

英国步行优先相关的政策理念已经持续发展了上百年，目前已形成较为完善的政策理论体系。在理论起源方面，英国步行优先理念产生于汽车猛增和环境恶化的背景，1930 年代起，Home Zone 开始在英国实践。在理论交流方面，1980 年代起，交通稳静化始于荷兰，后被德国复制，并传入英国，由于英国本身良好的历史积淀，交通稳静化得到广泛发展。在地方探索方面，1980 年代起，英国很多地方政府和学者开始较为广泛地进行交通稳静化的政策、理念和实践探索。在国家探索方面，1992 年《交通稳静化法案》通过批准，从此开始国家层面的政策相继出台，英国全国范围的研究也陆续展开。在政策现状方面，目前英国已经形成了较为成熟的理念共识和政策体系。步行交通的重要性被一再强调，各种相关的法律法规中都有促进步行优先的相关内容。

Carmen Hass-Klau❶（2015）出版著作《步行与城市》（*The Pedestrian and the City*）[52]，介绍了欧美国家，尤其是德国、英国、美国步行优先理念的逐步发展，并介绍了世界各地的诸多实践案例。

1.3.1 理论起源：Home Zone 理念的底蕴

Home Zone 是 1930 年代出现于英国的步行优先理念，主张与交通效率相比，生活品质更加重要[153]，为了保障本地的行人、自行车、儿童和居民，采用降低车速的各种手段。[154] 学界通常认为 Home Zone 理论在 1960 年代于荷兰代尔夫特（Delft）首创，1976 年被荷兰政府采用[155]，并于 1980 年代传入英国。[156, 157] 但实际上，英国早在 1930 年代就产生了 Play Streets 理论，内容与后来的 Home zone 类似，有学者（如 Carmen Hass-Klau）认为 Play Streets 就是英国自创的 Home Zone 理论。[52] 根据 *Manchester Corporation Act of* 1934，没有分类的道路可以被转变成为 Play Streets，并禁止机动车辆通行。[158] 在这个时期，这种 Play Streets 在许多其他城市也十分常见。其中，索尔福德以此闻名。[159] 这种方式当时在索尔福德非常有效。另外，索尔福德运用了其他方法使道路更加安全，例如在学校门口设立障碍和教导孩子如何安全过马路。[159] 但是，这一方法并没有得到延续，它只是被作为解决城市内部缺乏公共活动用地的临时办法。即便如此，Play Streets 还是持续到了 1960 年代。[155] 在交通稳静化理念传入英国之后，Play Streets 理念以 Home Zone 的名称得到了延

---

❶ Carmen Hass-Klau（德国）:女，生于 1947 年，现任挪威斯塔万格大学（Stavanger University）学术顾问（Academic Advisor），曾任德国伍珀塔尔大学（Wuppertal University）欧洲公共交通专业教授（Professor of European Public Transport），发表过大量著作和论文。

续。21 世纪，Home Zone 再次得到发展，英国《交通法》（Transport Act 2000）第 268 条确立了 Home Zone 的法定地位[160]，各地随之纷纷推出 Home Zone 的规范和导则，例如苏格兰（2002）[161]、盖茨黑德（2005）[162]、设菲尔德（2008）[163, 164]、东洛锡安（2008）[165]、利兹（2009）[166]、纽卡斯尔（2011）[167]、韦克菲尔德（2012）[168]、南格洛斯特郡（2013）。[169]

1.3.2　理论交流：交通稳静化理念的引入

交通稳静化（traffic calming）以一种无人可以预测的方式在全世界开展起来。它起始于荷兰，然后被德国复制和采用。[170] 在 1980 年代，它经上述两国传入英国，并在此更好、更广泛地实行开来，因为英国本身就有关于交通稳静化的历史积淀。交通稳静化的成功很大程度上是因为它是一种简便的方式。它的成本相对较低，做得不好的项目成本会更低。同时，它对道路布局的修改较少。它可以是一些文字条例的形式，例如政府的建议及政策，甚至可以是倡导积极和"环保"的生活方式的形式。从这个角度来看，英国的交通稳静化的成功是必然的，但还有一个更为重要的原因。

1970 年代开始，大部分路况开始恶化。从 1960 年到 1970 年，汽车总量从 460 万辆增长到将近 1000 万辆。到 1980 年，总量高达 1500 万辆。虽然，从 1970 年到 1980 年，新修道路约 17000 千米，但是，道路建设始终不能满足日益增长的机动车的使用需求。在该时期内，汽车保有量迅速增长。慢行交通持续恶化，特别是行人、自行车骑手和公共交通使用者的使用环境。不仅仅是因为机动车数量的增长，还因为大货车体积和数量的增长。重型货车（33-38 吨）的数量在 1983 年至 1985 年间几乎增长了一倍（从 11000 辆增长到 27000 辆）。[171] 此外，还缺少：第一，针对行人和自行车骑手的足够的保护政策；第二，绕行公路（bypass road）；第三，城市公共交通和铁路运输的投入；第四，控制城市拥堵区域车辆限行的政策的执行实施。

1977 年，英国环境和交通部门发布了《设计公报 32：居住区道路和人行道：布局设计》，包括尽端路或短长度接入路（short-length access road）以共享空间的形式设计的布局指引。大量共享空间的道路与景观设计相结合。

1982 年，城市安全项目开始实施，由交通和道路研究实验室（Transport and Road Research Laboratory）联合伦敦大学学院和纽卡斯尔大学完成。该项目的目的是减少住区街道上的分散事故，并限制过境交通。[172] 它运用于英国的 5 个城市（布拉德福德、布里斯托尔、纳尔逊、雷丁和设菲尔德）。在这些地区，他们分别研究了项目实施前 5 年的事故和项目实施后 2 年的事故。项目在每个研究的居住区附近设置临近的控制区域。项目应用的对策类似于 1960 年代和 1970 年代环境区域应用的对策。项目完成于 1988 年，研究结果表明事故数量降低了近 10%，这也是研究希望达到的目标。其中，机动车保有量最低的设菲尔德的事故数量降低了近 30%。而雷丁的事故数量降低了 4%，是该研究中降低最少的。同样，纳尔逊和布拉德福德也少量下降，分别为 7% 和 6%。该方法的最大受益群体是行人和自行车骑手。同样，纳尔逊和雷丁的受益比例最低。[172]

1984 年《交通规则法》为地方政府提供许多交通稳静化措施来降低汽车行驶速度。1987 年，交通部发布了《交通建议说明》，简称为居民、行人和自行车骑手的利益来控制车流交通的措施。该说明已经涵盖了大部分已知的交通稳静化措施，并且英国许多地方政府已经开始使用。[173]

1987 年末，交通部委托学者研究英国地方政府为实现交通稳静化而常用的措施方法。1988 年，Dalby 在其报告中指出在联邦德国已经实施的交通稳静化在英国才刚刚起步开展。早期的英国交通稳静化直接借鉴了德国的成功案例。特别自从 1980 年代一些著作的发表[174, 175]，直接借鉴是很容易的事情。但是，在实施交通稳静化的过程中，许多地方政府既没有评估限速措施的效果，也没有评估交通流量的变化。对布拉德福德的交通稳静化施的评估显示，车速和交通事故量均有实质性的降低。[176]

1.3.3　地方探索：学者和地方政府的探索

1980 年代末，因为对保守派的交通政策的不满情绪持续升高，地方政府开始更加关注和研究交通稳静化。首先，部分开明的高级官员改变了观点，例如赫特福德郡议会的 Geoff Steeley。他是一名专业的规划师，并且多次去欧洲各国实地调研，特别是荷兰、德国和丹麦。他认为这些国家在城市设计与机动交通管理的均衡发展方面做得比英国好得多。他对 1960 年代英国许多城市混乱的道路建设而感到震惊。

1986 年，Geoff Steeley 不仅仅为住区的交通事故和高速交通而感到担心，还包括城市中心的未来发展与规划，特别是小型城市中心。他认为设计的优化和交通量的降低可以影响小型城市的经济效益。

1988 年，赫特福德郡议会开始致力于为期五年的中心区优化项目，包括九个城镇中心。同时，部分住区和地区商业街也开展了交通稳静化的规划设计。班廷福德是第一批需要优化的城镇之一。它的历史街道 High Street 被穿过性交通干扰和破坏。直到 1987 年支路建设开通，它的城市中心区优化才能得以开展。虽然支路大幅度地减少了穿过性交通，但是这些平行于 High Street 的支路上的车速过快，因为支路的车流量少且路直。此后，Carmen Hass-Klau 提出了交通稳静化措施。1989 年初，班廷福德的 High Street 开始了重设计和重建。

肯特郡议会也开展了交通稳静化的相关项目。交通管理政策部门的负责人 Malcolm Bulpitt 是主设计师。同时，他主编了《交通稳静化——实践准则（1990 年 11 月）》。1991 年 4 月，该准则被重新校订和再版，并于 1992 年 3 月更加全面地重新校订。[177]

该准则中记录描述了最常见的交通稳静化措施，甚至是英国还没有实施的措施。1992 年版中新增了交通稳静化措施使用指南，并新增了"信号和标志牌""照明"和"维护和材料"章节。

1991 年，德文郡议会联合 Tim Pharaoh 出版了一本详细介绍有关交通稳静化的书籍。该书提出了交通稳静化的技术建议，并将其视作普遍问题，例如将来城市交通应如何管理。[178, 179] 书中大部分案例为德国案例，其中较为重要的案例采用彩图印刷，比之前的黑白版本更加明晰。

1992 年 7 月，《文明街道——交通稳静化指南》出版。[180] 该书不同于德文郡议会和肯特郡议会出版的指南。它详细论述了多种交通稳静化措施，并包涵了区域层面的交通稳静化、成本效益分析和交通稳静化相关的重要问题（如骑行、公共交通）章节。

1980 年代后期，只有少数专家研究交通稳静化，例如 Tim Pharaoh、Philip Bowers、John Roberts 和 Carmen Hass-Klau。在这一时期，一些道路交通安全部门的政府官员并没有意识到实践交通稳静化的重要性，因为当时英国的交通安全处于世界领先。当然，也有相当一部分该部门的官员有不同的看法。

Carmen Hass-Klau 开始与很多地方政府合作开展交通稳静化项目。其中最著名的项目位于多塞特郡（完成于 1991 年秋天）。该项目中，交通稳静化措施最早实施于三个小城镇，分别为韦勒姆、布里德波特和吉灵厄姆。措施主要来自德国和荷兰等欧洲案例，并且十分复杂，成本较高。

此后，Carmen Hass-Klau 提出了交通稳静化的标准化方法措施。这些措施大部分以多塞特郡的三个项目为基础。但是，其中一些以现在的标准并不能被评定为交通稳静化措施，例如中央分隔带、以树木和路缘带缩窄车道。

他为许多城市的交通稳静化提供建议，例如伦敦 Clerkenwell、黑斯廷斯、牛津、斯旺西和布里斯托尔。此外，他还在沃辛和西萨塞克斯郡完成了一些大规模的交通稳静化设计。他还设计了爱丁堡的步行系统和历史城区的交通稳静化。

根据不同类型的交通稳静化措施方式，英格兰设置了许多 20 英里每小时的限速区域。1992 年，应北爱尔兰环境部门邀请，Carmen Hass-Klau 开展了北爱尔兰的区域交通稳静化项目。

该项目位于皇后大学的东侧。该地区是为数不多剩余的混合社区，包括新教徒和天主教徒。同时，该地区也有许多学生和大学职工居住。直到 1992 年，在贝尔法斯特的纯天主教区域开展交通稳静化或者其他街道项目都是十分困难和危险的，这也是该项目的最大难点。Carmen Hass-Klau 全程参与了该项目，包含项目设计、咨询讨论、交通稳静化措施的技术设计、实施方案。

1.3.4 国家探索：政府和全英国层面的探索

正如之前的讨论，在交通稳静化开始的早期阶段，英国交通部已经非常重视。直到1992年，交通部才于各文件中正式使用"交通稳静化"（traffic calming）一词。早在1991年5月，官方就出版了限速20英里每小时管制区域的宣传册。[181, 182] 同时，每个层级的限速区域都必须经过交通部门批准，并严格集中管理。这是一个相当缓慢的过程（约15个月），包括吸取了一些地方政府已有的交通稳静化经验（最初只是出于单纯保护的动机）。这一阶段，学者们对一些缺乏实践经验的部门工作人员感到不满，因为他们不能意识到交通稳静化的发展与探讨的重要性。至少，在预防交通事故不是主要判定依据的区域，交通部设定了弹性的限速20英里每小时的管控措施。1991年1月，只有3个区域被划定。8年后，控制区域的总数上升到了450个，考虑到当时的管理程序，这一数字是相当惊人的。并且，这些控制区限定了面积大小。但是，德国和荷兰已经开展的区域交通稳静化在英国并没有开始探讨和使用。此时英国划定的控制区相当简单，很少的交通稳静化措施使用于其中。

1992年3月，议会通过了《交通稳静化法案》。该法案为交通稳静化实施建设工作提供了便捷高效的官方许可审批。其中，该工作被解释为"通过便捷高效的许可审批，以提升安全性、保护或改善环境为目的，影响和控制车辆交通活动"。[171, 183]

然而，大部分的规范条例和交通稳静化措施都是由国务大臣制定的，例如，交通稳静化项目的选址和规模、标识的设置以及公示和咨询会中产生的提议的改进。在该法案中，地方政府几乎没有自主权力来落实本地的交通稳静化措施。

同年，交通部开展了交通稳静化研究。该研究特意选择了有支路（bypass）的小城镇为研究对象。在修建支路后，现存的穿过城镇的主路实施交通稳静化措施，以此来降低道路上的车速和防止通过性交通的积聚。在这个研究案例中，如果交通稳静化可以被地方政府作为修建更多道路的理由，那么设置交通稳静化对他们就具有一定的实质性意义。1992年，政府热衷于道路建设是这一阶段的特点。此时，最初的批判性评论开始得到了一些民众的关注，例如，Phil Goodwin。仅三年前，白皮书《为繁荣修路》被出版。[184]

Cairns（1998）发现[185]：尽管实施了交通稳静化，当4个实验对象的新建道路开通后，车辆数比之前多出了将近60%（包括主路和支路上的所有机动车辆）。在伯克姆斯特德和韦德布里奇，支路的修建导致了机动车辆数量的高度增长（分别为80%和115%）。

毋庸置疑，原先的旧路上的机动车辆减少。与支路开通前相比，机动车数量平均降低了49%左右。彼得斯菲尔德和多尔顿降低最多，分别为69%和71%。总的来说，交通稳静化和建设支路同时开展不仅没有减少交通量，而且起了相反的作用。[185]

1993年至2000年之间，交通部提供的交通稳静化建议是非常有效的，这也证明了新政策的制定是非常重要的。1993 年、1994 年和 1996 年，交通部每年发布 7 个交通稳静化文件，1997 年发布 4 个，1998 年发布 5 个，1999 年发布 3 个，2000 年发布 4 个。值得注意的是，1999 年 6 月起，地方政府有权力自行划定限度 20 英里每小时的控制区。

从 2009 年起，限速 20 英里每小时的控制区可以直接划定，并不需要配置另外的交通稳静化措施。[186] 这种方式已经在德国开展了几个世纪，汉堡是第一个将该方法大范围实施的城市。这种政策的好处在于可以覆盖较大的面积，但是在大部分案例中，它对于降低车辆速度收效甚微。行人的步行环境与之前相比也没有真正地改善。[170]

大部分公交运营商和骑行组织都特别批评了减速路拱，还有其他一些交通稳静化设备装置。骑行者的反对声很快就会消散，但是，公交运营商会相对更加重视司机和乘客的舒适性。救护车和消防队司机担心交通稳静化措施是否会影响他们出险的速度。在这些案例中提到的问题必须通过不同的计划设计来解决。

当交通稳静化从欧洲大陆传到英国时，有很多人反对这一新的政策。他们并没有意识和认识到英国很早之前就有自己的交通稳静化。这些反对之声主要来自老派的车辆工程师和有权势的人，几乎没有来自居民的。居民更期盼和热心于这些计划的提出。相比于 1960 年代和 1970 年代，这一现象说明了许多居民受到车行交通的严重干扰。

然后，反对的评论并不来自单一的方面，一些更为激进的学者也不欣赏交通稳静化。例如，May Hillman 认为交通稳静化会分散人们关注其他更为重要的环境问题。John Roberts 相信德国式的交通稳静化只是用作建造更多停车位的一种新手法。[187] 一些乐观的学者认为在大部分案例中，这时期的交通稳静化并没有改善步行环境，但是它减少了行人遭遇的事故，特别是一些很严重的事故。

1.3.5　理论现状：步行优先理念的确立和共识

1997 年 5 月，托尼·布莱尔（Tony Blair）为首相、约翰·普雷斯科特（John Prescott）为副首相的新工党上台。约翰·普雷斯科特也是新成立的环境交通区域部的大臣（1997-2001）。他指出英国缺少现代化的交通运输系统，增加新建道路的经费并不能帮助英国摆脱拥堵和污染的危机困境。他作为新工党政府的高级官员，自然有着以往的交通大臣所没有的重要话语权。

1997 年 11 月至 1998 年 2 月，新部门展开了几轮较长的会议探讨。这些会议的主要内容包括：第一，较低交通量；第二，道路收费，是否对高速路和市区内道路征税，那些人应该拥有优先权——对我们来说最重要的是如何使用道路收费的所得收入；第三，工作地点停车收费；第四，公交车、有轨电车和轻轨的作用；第五，英国铁路该如何发展；第六，土地使用和交通规划的一体化；第七，交通运输和经济的整合；第八，城市中心区和居住区的交通；第九，抵押（例如，通过交通运输筹集的资金应该使用在交通方面）。

在以上的这些议题中，各种意见最终都得到了高度的统一。白皮书更加限制了汽车驾驶员的行为活动，并鼓励其他人们的出行（自行车骑手、公共交通乘客和行人）。

白皮书出版于 1998 年 7 月 21 日。[188] 委员会和规划师都发现此版的白皮书与早前的有相当大的不同，如果其中的建议和规划都能够实施将会很有意义。约翰·普雷斯科特指出"根本性的改变是高度一致统一的一件，并没有考虑不做改变。"[189] 这也是第一次，专家和政客们意见一致。如果这份白皮书可以很好地实践，那么英国将来的交通政策也会发生根本性的改变。

两年后，《2000 年交通法令》颁布。[190] 它并没有包括步行、步行化或交通稳静化的政策指导，但是包括了 Home Zones 的法律依据。[160, 191] 不久，2000 年交通法令被定为法律。同年，《2010 年交通：十年规划（2000 年）》发布。

这个十年计划可以被看作 1998 年白皮书的实践。它的开展受到了广泛的关注，但最终带着政府部门一些尴尬的放弃而结束。以英格兰为例，它的十年计划是（2000-2010）：第一，向铁路运输投入 600 亿英镑，并增加 50% 客运量。[192] 第二，向地方和国家级道路投入 590 亿英镑，包括 80 条主要道路计划，100 条新建支路和 130 条其他道路和地方道路整治，以及在建的 40 条道路计划完成，360 英里的重要道路拓宽。[192] 第三，向地方交通投入 590 亿英镑，包括 25 个新轻轨/有轨电车系统和广泛的公交优先计划。同时，承诺翻倍增加轻轨的使用率（通过乘客人数来判定）。第四，2010 年之前完成积压的道路整修工作。第五，未来十年内达到公交出行增加 10%。第六，向伦敦交通基础设施建设投入 250 亿英镑。第七，使交通事故重大伤亡人数降低 40%，儿童伤亡人数降低 50%。第八，促进使用环保车辆，降低空气污染和减少温室气体的排放。[192] 第九，保护安全骑行和步行路线，增加限速 20 英里每小时控制区和 Home Zones。第十，设置 Strategic Rail Authority（SRA）和铁路管理条例来约束火车驾驶员和安全监察员。

在一定程度上，这个十年计划需要建立在很成功的公共的-私人的相融合的基础之上，这也就是这个计划很难实施的症结所在。同时，这个版本的白皮书中对于步行提出的计划建议非常少。

同年，名为 *Framework for a Local Walking Strategy* 的交通咨询手册出版。它为地方政府提供了地方交通计划中的地方步行战略的意见。它指导地方政府如何获得经费支持，如何定义成果标准，最重要的是监督和复审步行计划的成功。

六年后，2004 年版的白皮书 *The Future of Transport* 发布。修正并替换了 1998 年版的白皮书。其中第六章是关于步行和骑行的。它包括了优化步行和骑行的所有积极的建议。它的目标是在未来的 20-30 年促进人们步行和骑行。它提到了 50 个 Home Zones 将直接从英格兰中央政府获得经费支持。另外，在伍斯特、达灵顿和彼得伯勒开展新步行和骑行计划，经费为 1000 万英镑。

1.4　研究对象

1.4.1　相关概念

（1）城市中心区

本研究采用王建国院士对城市中心区的定义[193]：城市中心区是"位于城市结构的核心地区，在城市政治、经济、文化、生活等功能方面承担中心角色，在物质与经济形态上常常是公共建筑和第三产业的集中地域"。城市中心区常位于城市功能网络和空间网络的几何或逻辑中心节点[194]，是城市中用地开发强度最高的区域，功能多样，服务范围广，涉及的人群总量庞大，构成复杂。这些特征决定了在城市中心区有限的空间中，活动空间与交通空间的矛盾突出，人行与车行的矛盾突出，抵达与过境交通的矛盾突出。

（2）城市中心区的范围

城市中心区的范围从本质上是中心区功能所在的范围[82]，根据定量研究的需求，研究人员常设置不同的定量范围。本研究中不涉及与城市中心区范围面积数值直接相关的定量研究，故不定义具体的定量范围，而采用"中心区功能所在范围"这一理论表述。

（3）城市更新

城市更新是一种针对城市空间的改建活动。相似概念主要有城市更新（urban regeneration）、城市新生（urban revitalization）、城市复兴（urban renaissance）、城市改建（urban renewal）。[195] 狭义城市更新指城市单一更新事件，通常包含现状的不足、更新的过程、更新的效果等环节。广义城市更新指多个单一更新事件组成的长期的、较大范围的更新演化历程。本文涉及的更新既有跨度百年的广义更新，又有具体地段的狭义更新，文中比较容易区分，不再作具体说明。

1.4.2　研究范围

（1）案例选取

根据英国 2011 年的人口普查，以城市建成区人口计算，英国人口 20 万以上的城市共有 27 个，本研究搜集了其中 22 个城市的中心区的各阶段历史地图，并加以研究，以概括百年以来，英国城市中心区空间结构的发展趋势及现状特征（表 1-1）。其中，伦敦的建成区人口为 825 万，是排名第二城市的 7.6 倍。伦敦的空间结构与其他城市具有较大区别，不具有一般性，故不对其整体结构进行研究，而对其代表性地段和具体措施进行研究。此外，英国 20 万人以下的城市规模较小，历史资料较为稀少残缺，故未纳入本次系统研究。但根据笔者获得的有限资料和实地调研，这些城市的空间结构与纳入研究范围的城市并无明显不同。本研究能够基本体现英国各城市中心区的情况，而不仅局限于大中城市。

（2）抽样率

英国城市人口在 20 万—110 万的城市共 27 个，所选的 22 个案例在其中占比达到 81%，能够反映英国大中城市中心区的全貌。其中，150 万人以上、100 万—150 万人、50 万—100 万人、40 万—50 万人四档的城市共 10 个，均为英国重要的城市，抽样率为 100%。30 万—40 万人的城市共 4 个，选取 3 个，抽样率为 75%。25 万—30 万人的城市共 6 个，选取 5 个，抽样率为 83.3%。20 万—25 万人的城市共 7 个，选取 4 个，抽样率为 57.1%（图 1-1，图 1-2）。

研究城市列表　　　　　　　　　　　　　表 1-1

人口档次	城市总数	抽样个数	抽样比例	城市名称	城市译名	建成区人口
150万人以上	1	1	100.0%	London	伦敦	8250205
100万—150万人	1	1	100.0%	Birmingham	伯明翰	1085810
50万—100万人	5	5	100.0%	Glasgow	格拉斯哥	590386
				Liverpool	利物浦	552267
				Bristol	布里斯托尔	535907
				Sheffield	设菲尔德	518090
				Manchester	曼彻斯特	510746
40万—50万人	3	3	100.0%	Leeds	利兹	474632
				Edinburgh	爱丁堡	459366
				Leicester	莱斯特	443760
30万—40万人	4	3	75.0%	Bradford	布拉德福德	349561
				Cardiff	加的夫	335145
				Coventry	考文垂	325949
25万—30万人	6	5	83.3%	Nottingham	诺丁汉	289301
				StokeonTrent	斯托克	270726
				Newcastle upon Tyne	纽卡斯尔	268064
				Derby	德比	255394
				Southampton	南安普敦	253651
20万—25万人	7	4	57.1%	Portsmouth	朴次茅斯	238137
				Plymouth	普利茅斯	234982
				Brighton	布赖顿	229700
				Wolverhampton	沃尔弗汉普顿	210319
合计	27	22	81.5%			

注：本表格中的人口数据为英国 2011 年人口普查数据，详见参考文献[196]，其中的人口指城市或分区的建成区人口。

资料来源：作者自制

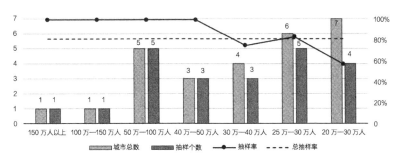

图1-1　各人口档次城市研究案例数量及抽样率图

资料来源：作者自绘

图1-2　研究城市在英国的分布示意图

资料来源：作者自绘

第2章 步行化更新趋势

百年以来，英国城市中心区空间结构实现了从车行优先到步行优先的转化。其更新历程体现出"城市核心道路步行化"的空间趋势、"步行限行道稳步增多"的总量趋势和"限行道的丰富和广泛应用"的类型趋势。第一，从空间上看，步行化过程往往出现在城市中心区最核心的位置，步行道也通常由城市中心区最主要的道路，包括轴线性主干道路演化而来。步行体系分布集中且密集，与城市中心区核心功能的分布基本重合。第二，从总量上看，自1970年代到1980年代步行道在英国出现以来，步行道和限行道的总量就持续增长，其增长趋势至今仍十分稳定。第三，从道路类型上看，限行道是英国城市中心区步行体系的重要组成部分，它仅允许少部分车辆通行，以保障步行。限行道种类多样，内涵丰富，根据需要有多种管理类型。

2.1 从车行优先向步行优先的转化

经过多年的更新发展，英国城市中心区的空间结构发生了根本性变化。车行主导的空间结构转化成为步行主导的空间结构。这一演化历程总体可以划分为三个阶段（图2-1），分别为车行主导阶段（1920年代以前）、车行外迁阶段（1930年代—1960年代）、步行主导阶段（1970年代至今）。演化阶段的总体划分依据的是英国各城市中心区空间结构的总体变化趋势。各城市演化阶段的具体时间不同，在此统一划分的依据为：英国本土的步行优先理念Home Zone诞生于1930年代，将其作为第二阶段的开端；英国城市中心区第一条核心道路的步行化改造完成于1970年代（利物浦城市中心区，详见2.3.1），成为第三阶段的开端。

2.1.1 第一阶段：车行主导阶段（1920年代以前）

（1）空间特征

以车行主干道为主导构建空间结构，中心功能沿道路发展，人车混行，交通轴线、功能轴线、空间轴线三轴合一。

（2）主导思想

本阶段没有步行优先的指导思想。在1850年以前，城市的交通主要依赖于步行和马

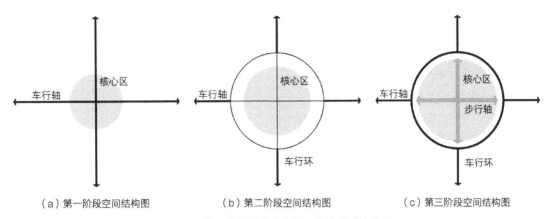

（a）第一阶段空间结构图　　　　（b）第二阶段空间结构图　　　　（c）第三阶段空间结构图

图2-1　英国主要城市中心区百年前后对比地图

资料来源：作者自绘

车，行人在街上可以自由行走。[197] 随着工业革命的进行和机器时代的到来，车行交通占据了城市道路，行人不得不离开街道和广场。

2.1.2　第二阶段：车行外迁阶段（1930年代—1960年代）

（1）空间特征

主要车行交通外迁到中心区外围，围绕城市中心区形成车行环路，城市中心区内部道路降级。

（2）主导思想

Home Zone 是1930年代出现于英国的步行优先理念，主张相对于交通效率，生活的品质更加重要。[153] 为了保障本地的行人、儿童、自行车、居民，采用各种措施，降低车辆速度。[154]1930年代起，Home Zone 开始在英国实践，它将道路对机动车封闭，打造适于生活的街道环境。Home Zone 的相关研究与实践持续到了1960年代。[155]

2.1.3　第三阶段：步行主导阶段（1970年代至今）

（1）空间特征

中心区核心道路步行化，核心功能沿步行道发展，步行轴线、功能轴线、空间轴线三轴合一，环路组织车行交通，人车分离。

（2）主导思想

第二次世界大战以后，人们开始反思对车行交通的依赖，步行交通开始得到重视。

1980年代起，交通稳静化始于荷兰，后被德国复制，并传入英国，由于英国本身良好的历史积淀，交通稳静化得到广泛发展。[198, 199]1984年的《交通规则法》和1987年的《交通建议说明》通过各种措施降低车速，达到保护居民、行人和自行车的目的[173]；

1992 年，《交通稳静化法案》为其实施提供便捷高效的审批流程，控制了车行，提升了安全性，保护和改善了环境[171, 183]；1992 年，《文明的街道——交通稳静化指南》[200]论述了多种交通稳静化措施，包含步行、骑行、公共交通等。

2000 年代起，英国自身的相关政策逐步完善，步行优先在各种法令和规划中得以细化落实。1998 年，《白皮书：交通新共识》出版[188]，限制车行，鼓励步行、自行车和公共交通；2000 年，《2000 年交通法令》[160]，《2010 年交通：十年规划》[190]，《步行策略框架》[201]出台，被看作是 1998 年白皮书的实践，受到广泛好评；2004 年，白皮书再版，名为《交通的未来》[202]，明确在未来 20—30 年促进步行和骑行；2017 年《伯明翰发展规划》[203]等规划中，以法定条文的形式，明确步行在城市中心区交通中的核心地位。

2.2　城市核心道路的步行化

英国城市中心区发展之初，多呈十字路网结构，城市中心位于主要道路相交处。[204]这一结构在步行优先理念的推动下，已产生明显变化。在步行优先思想的指导下，英国城市中心区内的主要车行道路大多演化成了步行道路和以步行为主的限行道。值得注意的是，在城市中心区中，原先车行道的道路空间并没有消失，或被建筑侵占，或是仍然连续存在，仅仅被人为地界定成为步行道路，并加以步行化改造（图 2-2）。

这种将城市中心区内的车行道路改为步行道路的做法在英国十分普遍，几乎所有城市中心区内都或多或少出现了将主要车行道路改为步行道或限行道的现象。这客观体现出英国营造步行化城市中心区的建设思想。第一，认为步行与城市中心区的功能紧密相关，车行的目的是为了到达城市中心区，而过境车行交通会对城市中心区产生负面影响。第二，解决拥堵的城市车行交通问题与建设步行化的中心区相比，后者更加重要。第三，通过车行道路改为步行道路，这种完善步行体系并限制车行交通的做法，可以有效地鼓励人们选择步行交通作为出行手段，达到环保、健康、宜居、可持续发展的效果。

2.2.1　核心道路步行化的基本过程

加的夫城市中心区的演化过程，是城市中心区主要车行道路演化为步行道的典型案例（图 2-3）。图 2-4 中，各年份加的夫城市中心区交通图说明了这一演化过程。早期，主要车行道路直接穿过城市中心区，包含东西向的车行道 Queen Street，和南北向的车行道 High Street 和 St. Mary Street，或者说，城市中心区就是依托这些道路而形成的

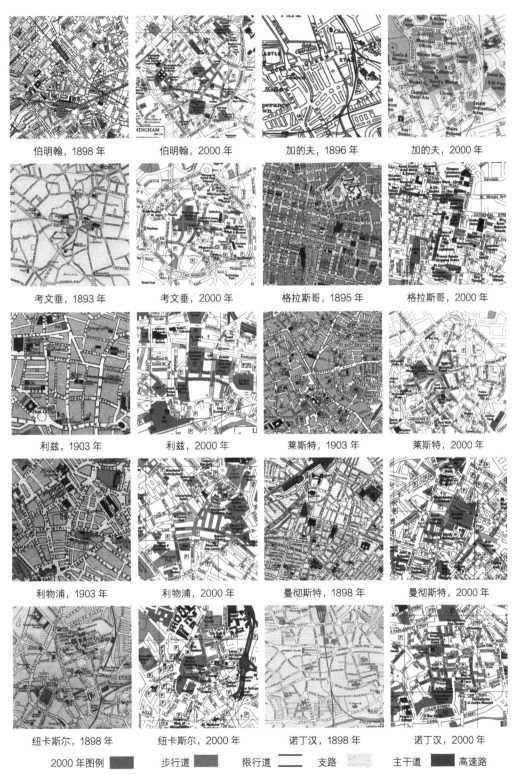

图2-2　英国主要城市中心区百年前后对比地图

资料来源：参考文献 [73, 205]

（a）1933 年加的夫 Queen Street 鸟瞰图　　　　　　（b）2016 年加的夫 Queen Street 鸟瞰图

资料来源：参考文献[76]　　　　　　　　　　　　　　资料来源：Google Earth

图2-3　加的夫城市中心区新老航拍图

[图 2-4（a）]。这一状态持续多年，直到 1961 年 [图 2-4（b）]。1976 年 ❶，核心商业街
Queen Street 降级为单行道，同时在北侧开辟辅路，疏解由西向东的车行交通[图 2-4(c)]。
1989 年，Queen Street 继续降级为限行道，穿过城市中心区的车行交通改为从北侧绕行。
同时，中心区内的其他一些支路也同时转变为步行道或限制通过车辆种类，转变为限行道，
而此时，另一条主要车行道 High Street（St. Mary Street）仍是车行主干道 [图 2-4（d）]。
2005 年，Queen Street 终于演化成为纯步行道，High Street 降级为一般车行道，而原本
一些限行道进一步限制车行，彻底转变为步行道 [图 2-4（e）]。2008 年，中心区步行体
系进一步发展，而 High Street 也转变为限行道，禁止过境交通通行，只允许街道两侧商
铺的部分车辆限时通行 [图 2-4（f）]。总体上，核心商业街均由早期的车行主干道演化为
如今的步行道或限行道（图 2-5），其中核心商业街 Queen Street 经历了"主干道、单行
道、限行道、步行道"的演化过程，而车行道则逐渐外迁，这反映了城市中心区车行优先、
将过境交通迁出城市中心区的规划思路。

2.2.2　核心道路步行化的进展现状

英国城市中心区主要道路向步行道演化的过程正在进行，尚未停止。其中，伦敦的
Oxford Street 是正在进行中的核心道路步行化的典型案例。

伦敦的 Oxford Street 自 19 世纪至今一直是具有世界顶级吸引力和独特性的商业中

---

❶　此处的"1976 年"不代表"开辟辅路"这一现象的具体发生年份，而是表示到此年份，"开辟辅路"这一现象已经发生完毕，
具体年份依据图中资料推测在 1961—1976 年，在此不做详细考证。"1976 年"的表述只为叙述方便。本段下方各处的叙述同理。

（a）1934 年交通图	（b）1961 年交通图	（c）1976 年交通图
（d）1989 年交通图	（e）2005 年交通图	（f）2008 年交通图

图2-4 各年份加的夫城市中心区交通图

资料来源：参考文献[206-211]

（a）1902 年 Queen Street 照片	（b）2014 年 Queen Street 照片	（c）1955 年 High Street 街景照片
资料来源：参考文献[76]	资料来源：作者自摄	资料来源：参考文献[76]

（d）2013 年 High Street 街景照片	（e）2013 年 High Street 端头照片	（f）1955 年 St. Mary Street 街景
资料来源：作者自摄	资料来源：作者自摄	资料来源：参考文献[76]

图2-5 加的夫主要街道新老对比照片

心和景点。1972 年以前，Oxford Street 一直是主干道 [图 2-6 (a)]；1973 年至 1975 年，它逐步被划定为限行道，只有公交车和出租车可以通行 [图 2-6 (b)，图 2-6 (c)]，这一状况一直延续至今 [图 2-6 (d)]；伦敦政府在 2016 年提出将其改造成为步行道路 [图 2-6 (f)]。[216, 217]

2.2.3　核心道路步行化的总体趋势

（1）核心道路步行化普遍存在

通过历史地图与现状的对比发现，城市中心区核心道路步行化的现象在英国十分普遍。笔者研究的所有大中城市都出现这一现象。在本书研究范围以外的大部分小城市也是如此。仅有乡村小镇的中心区未广泛出现核心道路的步行化情况。笔者推断这是由于越小尺度城镇的中心区，交通矛盾越不突出，仍采用人车混行的方式。而大中城市的城市中心区人车矛盾突出，它们的核心道路演化成为步行道，体现了在步行和车行矛盾时，步行优先，车行让位于步行。

（2）轴线性道路步行化

英国城市中心区发展之初，多呈十字路网结构，城市中心位于主要道路相交处。[204]直至1970年代，这一特征仍比较明显。[218]而正是这些主要的轴线性道路，演化成为步行道。一方面，这一特征充分体现了车行对步行的让步，当车行和步行矛盾时，步行优先发展，车行做出让步。另一方面，城市中心区的主要轴线道路和结构道路，往往也是城市的空间轴线，与中心区功能轴线重合，同时具有形象、文化、日常活动的功能，这些道路的步行化，说明步行在承担城市中心区功能、文化、活动等方面，比车行更加合适。

（3）分布集中形成网络

英国城市中心区步行体系，分布集中，形成网络。步行体系主要集中在城市中心区最核心的位置，分布密集，形成网络，构成步行区。

（4）步行网与中心区核心功能相结合

根据笔者对多个城市中心区的实地调研和地图解读发现，英国城市中心区的步行网络与城市中心区核心功能的分布是紧密结合的。英国城市中心区的核心功能通常包括商业、行政办公、文化展示功能，这些功能通常由步行体系无缝串联，构成一个整体。一方面，步行体系串联了中心区主要功能；另一方面，随着城市中心区的发展，新的核心功能也依托步行体系进行发展。步行体系支撑了中心区核心功能的更新。

（a）1972 年，Oxford Street 全线为主干道

（b）1973 年，Oxford Street 的西侧部分改为限行道

（c）1975 年，Oxford Street 的主要路段改为限行道

（d）2015 年，Oxford Street 主要路段仍为限行道

（e）2026 年，Oxford Street 主要路段改造成为步行道的规划

图2-6 伦敦城市中心区核心商业街Oxford Street历年道路级别图

资料来源：参考文献 [212-215]

2.3 步行道和限行道总量稳步增多

2.3.1 步行道的出现时间

根据笔者对历史地图的考证，英国城市中心区中最早出现的步行道是利物浦城市中心区的十字交叉道路，包含 Lord Street、Church Street、Whitechapel Street、Paradise Street、Bold Street。该十字路口为利物浦的繁华商业地段（图 2-9、图 2-10），它们步行化的时间在 1972 年到 1976 年（图 2-7、图 2-8）。❶ 在 1976 年左右的历史地图中，没有发现其他的步行道。

1976 年到 1984 年，步行道在各个城市的中心区相继出现。至 1984 年，研究的所有城市中心区中均出现了步行道或限行道。

由于 1976 年至 1984 年，步行道尚未普遍形成，导致该时间段内地图的记载较为粗略，有些步行道没有标记，有的甚至直接将步行道省略不画。1984 年左右，地图标记开始重视步行道和限行道，开始明确描绘步行道和限行道，故本书以 1984 年为起点，统计英国各个城市中心区各阶段的步行道和限行道长度。

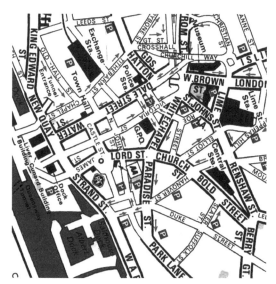

图2-7　1972年利物浦城市中心区交通地图
资料来源：参考文献[218]

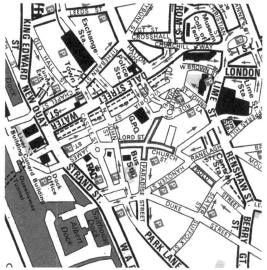

图2-8　1976年利物浦城市中心区交通地图
资料来源：参考文献[208]

---

❶ 1976 年的历史地图中并没有图例指示这些道路为步行道，但由图可知这些道路已经不再通车，并且在以后最早有图例的地图中，这些道路也是步行道或限行道，故推断图中标注的黑色区域为步行道或限行道。

图2-9　1968年Church Street照片　　　　图2-10　1985年Church Street照片
资料来源：参考文献[219]　　　　　　　　资料来源：参考文献[220]

2.3.2　数据来源统计方法

（1）数据来源

本节数据为笔者根据各个城市各阶段历史地图测量得出的一手数据。

（2）统计口径

为保证统计口径的统一，本书统计的"步行道"和"限行道"为各历史地图中图例标记出的路段。据考证，一些可以确定的步行道在地图上并没有标出，但由于无法做到逐条道路进行考证，故仅对标出的道路进行统计，以保证统计口径的统一。

（3）统计精度

本书统计精度为25米。在进行测量和统计时，单条道路的长度精确到25米。然而，每个城市的步行道往往不止一条，所以误差可能大于25米。这一精度对于本书中各城市步行道长度发展趋势的研究已经足够，足以反应总体趋势。

（4）统计范围

统计不设具体定量范围。城市中心区的范围，从本质上是中心区功能所在的范围[82]，根据定量研究的需求，研究人员常设置不同的定量范围。而本研究中，由于对象步行道和限行道并不是均匀分布的，而是集中分布在中心区核心位置，其分布较为整体、连续，其范围也十分明显。故不定义具体的定量范围。

（5）统计时间间隔

从1984年至2014年，以10年左右为间隔，选取1984年、1997年、2004年、2014年4个时间点的数据进行统计。

2.3.3 英国总体增长趋势

图 2-11 展示了英国各个城市中心区内步行道和限行道的总体发展趋势。从中可以看出步行道和限行道稳步增长的趋势。

（1）总量上升

步行道、限行道及其总量的上升，是其发展中最显著的特点。英国城市中心区 2014 年步行道平均长度 1676 米，限行道平均长度 1193 米，总平均长度 2869 米，比 1984 年分别增长了 180%、260% 和 210%。

（2）趋势稳定

从 1980 年代至今，步行道、限行道的增长速度稳定，没有大的波动。这说明了步行道和限行道从出现之日起，就保持了迅猛的增长势头。30 年来的持续增长，体现了英国社会各界对在城市中心区发展步行道和限行道的认可。而至今增长速度不减，说明英国城市中心区内的步行道和限行道并未达到"最终状态"或"饱和状态"，其发展仍有很大空间，仍有进一步发展的趋势。根据本书其他相关研究，英国城市中心区步行体系仍处在迅猛的发展过程当中，其相关法规政策、空间规划体现了其未来进一步发展的趋势。

（3）步行道多于限行道

在各个发展阶段，步行道的长度都大于限行道。二者之间的差距比较稳定。体现了步行道为主、限行道为辅的总量特征。

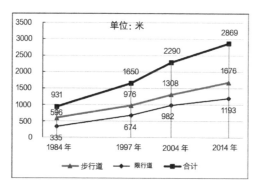

图2-11 英国各城市中心区历年平均步行道长度、限行道长度和总长度折线图

资料来源：作者自绘

英国各城市中心区历年平均步行道长度、限行道长度和总长度统计表　表2-1

	1984年	1997年	2004年	2014年
步行道	596米	976米	1308米	1676米
限行道	335米	674米	982米	1193米
合计	931米	1650米	2290米	2869米

资料来源：作者自绘

2.3.4 各城市的增长趋势

从各个城市中心区各自的步行道、限行道长度统计中（图 2-12，表 2-1），可以得出：

（1）总量增长

所有 21 个案例的步行道、限行道总量，均出现了增长。

（2）总量增长趋势稳定

各城市中心区步行道、限行道总量的增长趋势稳定。在所有 21 个案例的各个发展阶段当中，仅有格拉斯哥从 1984 年到 1997 年阶段出现了步行道和限行道总量的下跌，其余案例的各个发展阶段当中，步行道和限行道的总量全部为上涨。这说明在单个城市中，步行道没有给城市带来过不良影响并需要拆除的。

（3）步行道、限行道涨跌互现

虽然各个城市中，总量的增长趋势十分稳定，但仅步行道或限行道长度的变化却波动较大。这说明步行道和限行道常有互相转换的情况发生。例如莱斯特城市中心区 2004

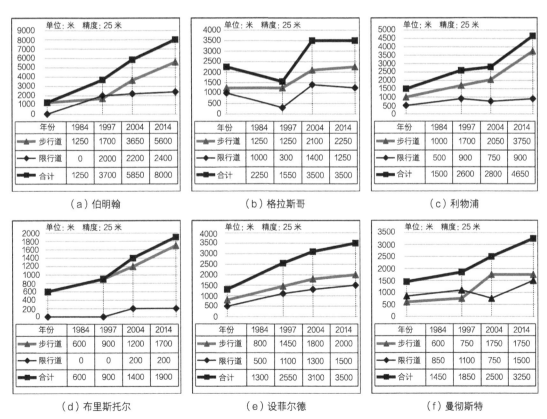

图2-12 英国各城市中心区历年步行道长度、限行道长度和总长度折线图（一）

资料来源：作者从英国各城市中心区各年份历史地图中测量得出

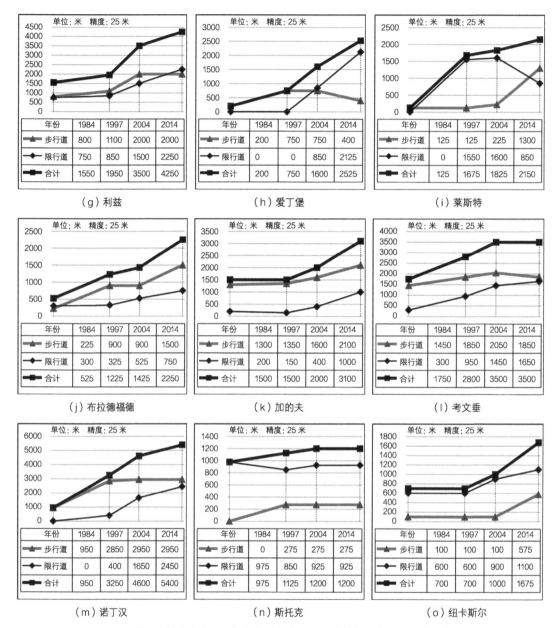

图2-12　英国各城市中心区历年步行道长度、限行道长度和总长度折线图（二）

资料来源：作者从英国各城市中心区各年份历史地图中测量得出

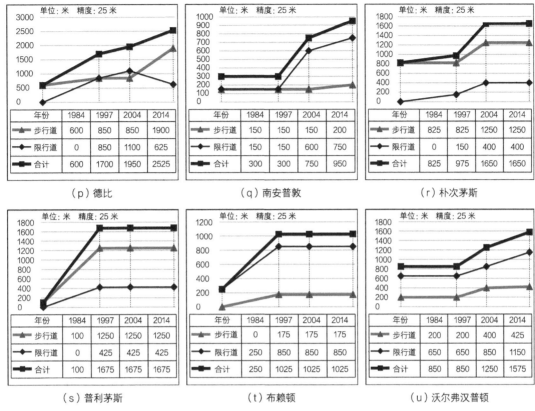

图2-12 英国各城市中心区历年步行道长度、限行道长度和总长度折线图（三）

资料来源：作者从英国各城市中心区各年份历史地图中测量得出

年到2014年，限行道和步行道出现了较大波动，而其总量变化较小，这是步行道转变成为限行道导致的。

2.4　限行道的丰富和广泛应用

2.4.1　限行道的含义

限行道是英国城市中心区步行体系的重要组成部分。限行道是指以步行为主，允许部分车辆（如公交车等）进入的道路，常见英文名有"Restricted Access Road""Roads with Periods of Limited Access""Restricted Access"和"Road Restriction"等。限行道以步行功能为主，同时允许最低限度的车辆通行。"最低限度车行"根据情况不同而有不同的限制要求。比如仅允许公交通行、仅允许电车通行，或仅允许少数特定车辆通行。从中心区的发展来看，车行道被划定为限行道之后，常常有被进一步限制车行，被彻底划定为步行道的趋势。

2.4.2 限行道的作用

限行道的主要作用有"承担步行交通"和"限制中心区车行"两个方面。

（1）承担步行交通

限行道设立的目的就是为了保障步行交通，它通常有宽大的人行道，或者全路采用人行铺装，同时限行道上车辆较少，对步行的干扰小。在英国，限行道被视为城市中心区步行体系的重要组成部分，一些研究中，也将限行道纳入步行道的统计范围。[191]

（2）限制中心区车行

限行道可以阻止非必要的车辆进入和穿过中心区，保障城市中心区内部的环境。同时，常见限行道采用"仅允许公交通行"的管理方式，可以理解为公交专用道路。这也为公交优先的交通结构提供了管理手段，鼓励了公交优先、绿色交通优先的发展思路。

2.4.3 限行道的类型

（1）仅允许公交车辆通行的限行道，以伦敦和爱丁堡为例

"仅允许公交车辆通行"（包括公交车、出租车、电车等公交方式）是最常见的限行道路类型。英国城市中心区大部分限行道属于这一类型。

比如伦敦的商业街 Oxford Street（图 2-13）。它是英国最著名的商业街，人流车流量巨大。该道路为仅允许公交通行的限行道。在周一至周六早 7：00 至晚 7：00，仅允许公交车和出租车通行。[221] 同时，它也是英国最著名的分时限行的限行道，几乎所有交通地图当中，都特别标注了 Oxford Street 的限行类型和限行时间。

再比如爱丁堡的城市轴线 ❶Princes Street（图 2-14）。这也是一条仅允许公交车辆通行的限行道。该道路沿街人行道宽大，车行道双向四车道，局部收缩为三车道，以方便行人过街。

---

❶ 爱丁堡有 3 条城市轴线，位置为平行关系，Princes Street 为中间一条。另外两条分别为历史轴线 High Street 和 George Street。Princes Street 为现在最主要的一条城市轴线，它的长度最长，沿街商业最为繁华。

图2-13　伦敦城市中心区的限行道Oxford Street

资料来源: 作者自摄

图2-14　爱丁堡城市中心区的限行道Princes Street

资料来源: 作者自摄

（2）允许有轨电车通行的限行道，以伯明翰为例

除了常见仅允许公交通行的限行道，限行道还有非常灵活多样的管理方式，有的限行道为了进一步限制车行，不允许公交车和出租车通行，仅允许有轨电车通行。

例如，伯明翰的 Corporation Street（图 2-15）。伯明翰是英国第二大城市，New Street 是其城市步行轴线。Corporation Street 与商业步行街 New Street 十字交叉，2012 年以前，该道路为一般限行道，允许所有公交车辆通行。为减少对商业的干扰，它自 2012 年起进行步行化改造，在原有限行的基础上，禁止公交车通行[222]，仅允许有轨电车通行，当年起，一些地图甚至已将其标注为步行道。[223] 这进一步减少了车辆通行量，优化了其自身步行，并且减小了车辆对于城市轴线 New Street 的干扰。这反映了限行道多样的管理方式和限行道向步行道演化的趋势。

图2-15　伯明翰城市中心区的限行道Corporation Street
资料来源：参考文献[61]

（3）允许沿街商铺通行的限行道，以加的夫为例

英国还存在不允许公交车辆通行、仅允许沿街商铺车辆通行的限行道类型。

例如加的夫的商业街 High Street（图 2-16）。该道路不允许公交车辆通行，只允许沿街店铺的部分车辆通行。道路铺装完全采用步行样式，日常即为步行道，车辆极少。

道路为尽端式，只能从南侧进入，北侧有隔离桩阻挡［图2-16（b）］，保证了无关车辆无法通行。

（a）High Street 内部　　　　　　　　　　（b）High Street 北端

图2-16　加的夫城市中心区的限行道High Street

资料来源：作者自摄

2.5　小结

经过对英国城市中心区多年演化历程的总结发现，其演化过程呈现出明显的步行化发展特征。在道路总量上，自1970年代至1980年代起，各城市中心区步行道和限行道的长度稳步增加，至今仍保持增长趋势。在空间位置上，步行道产生于城市中心区最核心的地带，由城市中心区最主要的道路演化而来，步行道形成体系，与核心功能结合形成步行区。在道路类型上，除完全步行的步行道以外，限行道也是中心区步行体系的重要组成部分。限行道的类型多样，灵活承担了中心区步行和限制中心区车行的职能。

第3章 空间结构特征

英国城市中心区的空间结构为"以地面步行为核心，公交优先，环路组织交通的圈层人车分流结构"（图3-1）。本书涉及的21个案例，无一例外采用了这种结构。因此，可以将其称为城市中心区空间结构的"英国模式"。

英国模式的特点可以归纳如下：第一，圈层结构。由内而外分别为步行、公交、车行，呈圈层分布。核心区域步行，公交环在车行环内侧，在空间上体现出"步行、公交、其他车行"的优先顺序。第二，以地面步行为核心。城市中心区以地面步行体系为空间框架，核心功能区形成步行区，常常步行轴、功能轴、空间轴三轴合一。第三，公交优先。紧贴步行区形成公交环，公交站点分布密集，内外联系便捷。公交环常包含限行道路段，仅供公交车通行。公交车能够到达比其他车行更接近核心功能区的位置，实现公交优先。第四，环路组织车行交通。城市中心区外围形成车行环路，环路与步行区之间存在支路缓冲区，起到疏解中心区过境交通，组织中心区对外交通的作用。

英国模式空间结构在提高步行品质、优化对外交通、疏散过境交通方面具有优势。同时，这种空间布局体现出"步行、公交、其他车行"的优先次序。步行优先，公交优先的理念得到鼓励。理念与实践形成良性循环。

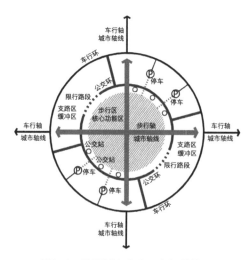

图3-1 英国城市中心区空间结构图
资料来源：作者自绘

3.1 步行体系的核心地位

英国城市中心区的空间结构以步行系统为核心，具有明显的步行主导特征。步行是城市中心区人的活动的最佳载体。它在承载人文生活、展示城市形象、促进文化交流、提升空间品质、聚集中心人气、组织内外交通方面具有重要作用。同时，中心区是城市中最具标志性的地区，在城市中心区推进步行优先，具有标志性作用，能够促进绿色交通和可持续发展在城市范围的认可度。英国城市中心区的步行体系，在空间上，占据城市中心区的核心位置；在发展次序上，处于发展的核心位置；在空间分配中，处于优先地位；在交通上，是中心区内部交通的核心和对外交通的支撑；在功能上，串联了城市中心区的核心功能。

3.1.1 空间核心

英国城市中心区的步行体系，位于中心区空间的核心位置。

（1）城市轴线

英国城市中心区的步行体系常占据中心区的轴线，步行轴线、功能轴线、空间轴线三轴合一。英国城市中心区形成之初，多具有明显的城市轴线，车行轴线、功能轴线、空间轴线三轴合一。如今，这些轴线大多演化成为步行道，车行功能被剥离，而它们依然是功能轴线和空间轴线。有的轴线车行功能被完全剥离，成为步行轴线，例如加的夫的 Queen Street、伯明翰的 New Street 等。也有的轴线成为限行道，仅允许公交车辆通行，如伦敦的 Oxford Street、爱丁堡的 Princes Street 等。

（2）核心地带

步行体系常包含中心区若干重要道路或空间节点，在城市中心区核心位置形成连片步行区。如南安普敦的步行体系，连接了城市历史遗迹 Bargate 城门，并串联了整个城墙和各个历史遗迹。考文垂的步行体系，则连接了城市中心地带的核心广场、Lady Godiva 雕像、历史遗迹群、交通博物馆、教堂和商业中心等大片核心地区。

3.1.2 发展核心

英国城市中心区的步行体系建设是城市中心区空间塑造的核心。它在城市空间的分配中具有核心地位，并达到了较高的建设标准。步行体系连续而不被车行打断，具有"连续性"。步行体系在地面发展，优先占据地面层，车行下穿绕行而非相反，具有"平整性"。步行体系直接穿过产权边界，线性顺畅，符合人的期望线，具有"顺畅性"。这反映了步行体系在空间发展中优于车行交通、优于建筑单体、优于产权边界的优先发展地位，体现了步行在空间塑造中的核心地位。

（1）连续性

英国城市中心区的步行道和限行道分布集中且连续，形成了步行网络、步行区。步行区内没有车行穿过，这增强了步行的安全性与舒适性。伯明翰的城市步行轴线长达1.6千米，在如此长的范围内，步行轴线连续无间断，没有车行道穿过，行人可连续行走不经过任何与车行的交叉口，既保障了安全性又提升了舒适性。

（2）平整性

英国城市中心区的步行体系大多分布在地面，不依赖地下空间，并且达到"平面直通"的高标准。步行道在标高上享有优先权，在与车行交通立交时，步行道平面通过，而车行道从下方"绕行"，使步行体系达到"最平整"的效果。这超出了传统的"无障碍"要求，更加便捷、舒适，充分体现了步行立体空间分配中享有的优先权。伦敦的商业核心Oxford Circus，在十字交叉路段四角都有地铁出入口，可以过街。而它还是大力改善地面步行空间，缩短过街距离，并计划将其改造成为纯步行街。这体现了英国对于步行体系的重视，将城市资源中最宝贵的"地面层"优先分配给步行。

（3）顺畅性

英国城市中心区的步行体系中，步行轴线尽量笔直，在遇到障碍时，步行穿过障碍而非绕行，达到在平面上笔直或顺畅的效果，使得实际线路符合人的"期望线"（desire lines）。在轴线遇到建筑时，采用"建筑街区一体化规划"的思路，打破建筑产权束缚，利用建筑内部空间，打通步行轴线。

3.1.3 交通核心

英国城市中心区步行体系具有重要的交通作用。

（1）内部联系

英国城市中心区的核心功能依靠步行进行内部串联。发达的步行网络可以将整个中心区串联起来，不管是功能组团内部，还是整个中心区，步行网络都是其最便捷的连接方式。步行系统与开敞空间体系、绿化体系相结合，对高品质的空间营造十分有利。

（2）对外联系

步行交通在中心区对外交通中也起到重要的支撑作用。第一，步行体系是公交体系的末梢。[224] 英国城市中心区往往公交系统发达，发达的步行体系是沟通公交站和最终目的地的末梢。第二，步行体系是停车场区域调配分布的基础。英国城市中心区采用区域调配，总体平衡的停车场设置策略，停车场分布在中心区外围，这需要发达的步行体系进行调配与支撑。

3.1.4　功能核心

英国城市中心区步行体系分布的位置，通常是城市中心区核心功能的所在地。

（1）利兹案例

以利兹城市中心区为例，其城市中心区是以商业、文化、政法、宗教于一体的综合功能区。从图3-2可以看出，其核心功能分布的地区由步行体系进行串联。

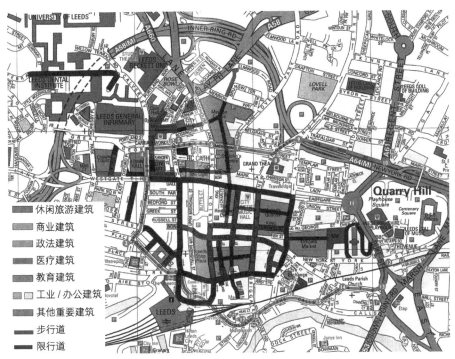

图例：
- ■ 休闲旅游建筑
- ▨ 商业建筑
- ■ 政法建筑
- ▨ 医疗建筑
- ■ 教育建筑
- ▫ 工业／办公建筑
- ■ 其他重要建筑
- ▬ 步行道
- ▬ 限行道

图3-2　2014年利兹城市中心区步行体系及主要核心功能建筑分布图

资料来源：作者自绘

（2）核心功能在中心区步行体系出现频次的分析

作者统计了在城市中心区步行体系中，各种核心功能出现的频次。

统计方法如下。英国城市中心区的步行体系是由步行道和限行道构成的，对单个城市中心区，在步行道和限行道体系所及范围内，若出现了某种功能，则该功能记为频次1；若某功能不在步行体系内，但在距离步行体系100米的范围内，则该功能记为频次0.5；若某功能未在步行体系及其100米范围内出现，则该功能记为频次0。对21个案例城市中心区进行统计，记录每种功能在21个城市中心区步行体系内出现的频次（表3-1），并计算每种功能在21个城市中心区步行体系内出现的概率（图3-3）。

英国各城市中心区步行体系范围核心功能出现频次统计表　表 3-1

城市	商业	文化	政法	宗教	汽车站	火车站	科研院校	体育	商务办公	批发市场	医疗
伯明翰	1	1	1	1	0	1	0	1	1	1	0
布拉德福德	1	1	1	1	1	1	0	0	0	0	0
布赖顿	1	1	0.5	0	0	0	0	0	0	0	0
布里斯托尔	1	1	0.5	1	0	0	0	0	0	0	0
加的夫	1	1	0.5	1	0.5	1	0.5	0.5	0.5	0	0
考文垂	1	1	0.5	1	1	0	0	0	0	0	0
德比	1	1	0.5	1	1	0	0	0	0	0	0
爱丁堡	1	1	1	1	0	1	0	0	0	0	0
格拉斯哥	1	1	1	0.5	1	1	0.5	0	0	0	0
利兹	1	1	1	1	1	1	0.5	0	1	1	1
莱斯特	1	1	1	1	1	0	0	0	0	0	0
利物浦	1	1	1	0	1	1	0	0	0	0	0
曼彻斯特	1	1	1	1	1	1	1	1	0.5	0	0
纽卡斯尔	1	1	0.5	0	1	0	0.5	0	0	0	0
诺丁汉	1	1	1	0	1	0	0.5	0	0	0	0
普利茅斯	1	1	1	0	0.5	0	0	0	0	0	0
朴次茅斯	1	1	1	0	0	0.5	0	0	0	0	0
设菲尔德	1	1	1	0	0	0	0	0	0	0	0
南安普敦	1	1	0	0	0	0	0	0	0	0	0
斯托克	1	1	1	0	0.5	0	0	0	0	0	0
沃尔弗汉普顿	1	1	1	0.5	0.5	0	1	0	0	0	0
频次统计	21	21	17	12	12	8.5	4.5	3.5	2	2	1

资料来源: 作者自制

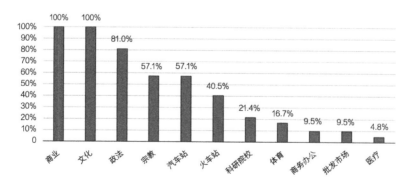

图3-3　英国各城市中心区步行体系范围核心功能出现率柱状图

资料来源: 作者自绘

结果显示：第一，英国城市中心区步行体系中，商业、文化、政法、宗教这四个核心功能出现频率很高，这显示了步行体系与城市中心区核心功能结合紧密。其中，商业和文化这两项城市中心区最重要的核心功能的出现概率达100%，更是显示了以步行体系组织商业文化活动的必然特征。第二，值得注意的是，长途汽车站、火车站的出现频率也较高。一方面，这展示了步行体系与对外公共交通的联系十分紧密；另一方面，如此大运量的交通设施出现在城市中心区核心地带，其交通组织方式值得探讨。英国城市内常有多个火车站，这使得在城市中心区内火车站仅需承担城市中心区内部及小范围周边的交通需求。英国城市中心区外围的车行环起到了疏散中心区过境交通的作用，环内车行交通压力不大。第三，商务办公功能出现频率较低，这是由于英国城市中心区内，商务办公功能本身就不多而导致的。

这些说明：步行体系分布在了城市核心功能所在的地区，步行体系对城市中心区内的核心功能起到了串联作用。

（3）城市中心区商务办公功能的一点辨析

笔者认为商务办公功能并非城市中心区的必要功能，也并非城市中心区的"高级功能"，不仅不应追求在城市中心区发展商务办公功能，甚至应当尽量将一些类别的商务办公从城市中心区疏解出去。

从服务对象上看，所谓"城市中心"，应当服务最广大的市民，而商务办公功能的服务对象十分有限，仅包括一些办公人员和一些业务往来单位。很多商务办公单位甚至并不对外开放。

从交通需求上看，商务办公区所需交通是上下班带来的钟摆交通，有早晚两个高峰期，而服务市民的中心区所需的交通是较为持续的高流量交通，有波动但不集中在早晚高峰期。两者交通模式并非依存关系，甚至会产生干扰。

从交通模式上看，商务区通常采用密路网的形式，也有的采用公共步行轴线，而服务市民的城市中心区，则全部采用步行区，步行区内无机动车交通，车行路网间距很大。与商务区的模式正好相反。

从环境上看，服务市民的中心区通常热闹、繁华。而商务办公区的空间品质发展趋势是安静、宜人、绿色，热闹的环境对商务办公不利。

从形象上看，我国常把高层建筑看作城市中心区的代表，甚至一些以容积率来判断中心区范围和繁华程度的做法，加剧了在中心区发展商务办公的现象。而实际上，中心区的建筑高不高，对中心区能否提供更高质量的服务大众的职能，没有任何作用。

英国用地功能的划分方式更倾向于将办公和产业归为一类，图3-2图例中办公（office）和产业（industry）归为一类。笔者也更倾向于这种看法，即将办公看作一类产业功能，而非服务市民的中心区本职功能。

商务办公功能的分布，可以和城市中心区有一定的关联，但不宜重叠，也可以和中心区脱离开。例如英国第二大城市伯明翰，其企业办公区（Enterprise Zone）普遍分布在城市中心区外围，与车行环联系紧密。而与城市中心区脱离的商务办公区，也很常见，如伦敦的 Canary Wharf 中央商务区，帕丁顿车站商务办公区，以及曼彻斯特的 Media City UK（图 3-4）。

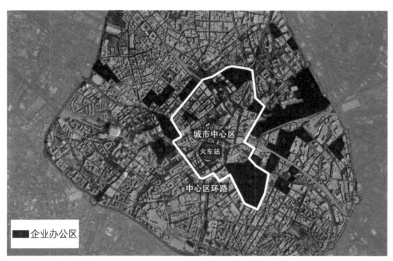

图3-4　伯明翰城市中心区车行环与企业办公区位置关系图

资料来源：作者根据参考文献 [225-227] 加工

3.2　车行交通的环路结构

英国城市中心区外围，有明显的车行环。其空间形态各异，但功能结构相同。这种环形的空间结构对于疏解城市中心区过境交通，组织城市中心区对外交通，提升城市中心区空间品质有着重要的作用。

3.2.1　空间模式

英国目前道路等级由高到低依次为高速路（Motorway）、快速路（Primary road）、A 级道（A road）、B 级道（B road）、本地道路（Local road）、其他道路（Other road）和限行道（Restricted access road）。其中，B 级道以上视为主要车行道，本地道路和其他道路视为一般车行道。历史上对道路等级曾有不同划分方式，本书按照先后对应的原则，将车行道统一划分为主要车行道和一般车行道。

英国城市中心区的外围，常见由主要车行道构成的中心区车行环。从空间形态上，环路可分为环形、矩形、组合型。从环绕程度上，也有常见的全包围式和半包围式的半环结构。尽管环路形式不一，但它们在结构上都形成了圈层结构，功能作用也均为同一模式（图3-5）。下文将对其功能结构进行阐述。

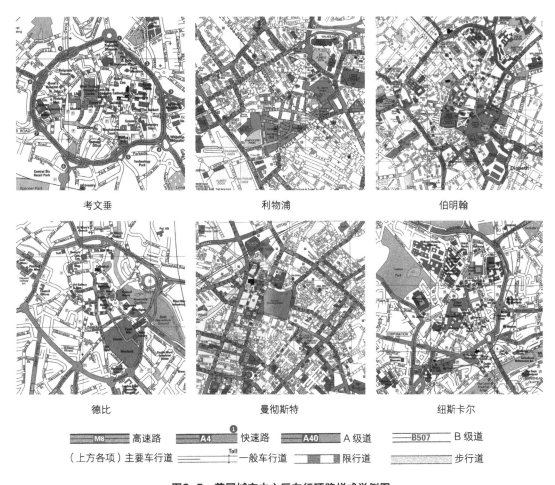

考文垂　　　　　　　　　　利物浦　　　　　　　　　　伯明翰

德比　　　　　　　　　　曼彻斯特　　　　　　　　　　纽斯卡尔

M8 高速路　　**A4** 快速路　　**A40** A级道　　**B507** B级道
（上方各项）主要车行道　　Toll 一般车行道　　限行道　　步行道

图3-5　英国城市中心区车行环路样式举例图
资料来源：参考文献[229]

（1）环形

环形的车行环是典型的环路形式。它是专门修建的中心区环路，路名常常就叫作"环路"（ring road）。此类环路线形圆滑平顺，环路四周道路等级统一，开口间隔较为均匀。典型的案例有考文垂、德比等。

（2）矩形

矩形的车行环由原有城市道路提升等级形成。此类环路线形比较曲折，环路四周道路等级不一。与环形的车行环相比，矩形的车行环结构较不清晰，环路的作用稍弱，但是修建简单，不需要大拆大建。典型的案例有利物浦、曼彻斯特等。

（3）组合形

部分采用原有道路，部分采用新建道路而组成的车行环，也是常见的形式。其道路线形也不规则，道路等级不一。通常新建道路部分等级较高，原有道路等级较低。典型的案例有伯明翰、纽卡斯尔等。

伯明翰城市中心区曾经专门修建了完整的环路，形成了环形的人车分流空间结构，但随着城市中心区的发展扩大，环路尺度不能满足中心区发展需要。为了保证步行系统的发展，将环路东侧部分道路改造为步行道，以满足步行区的扩张需要。[228]

3.2.2　作用机制

为了构建人车分流的空间结构，将车行交通控制在城市中心区以外，英国城市中心区使用了规划建设车行交通环路的方法，既可以组织城市中心区的对外交通，又能够疏解城市过境交通。过境交通可通过环路绕开中心区，中心区对外交通可以就近上下环路，避免穿过中心区。有效降低了中心区内的车行需求，避免了内外干扰，形成人车分流的结构。

（1）疏解过境交通

疏解过境交通是城市中心区车行环路的重要作用（图3-6）。未构建城市中心区车行环路前，车行轴线和过境交通贯穿城市中心区，导致英国城市中心区存在严重的车行拥堵问题。修建车行环路有效地解决了现实困境。过境交通经车行环路疏解，缓解了城市中心区内的车行交通压力，改善了中心区环境。另外，与车行轴线直接穿过城市中心区的方式相比，车行环路不承担功能轴线和空间轴线的功能，其车行功能更加纯粹，干扰更小，车行更加迅速。

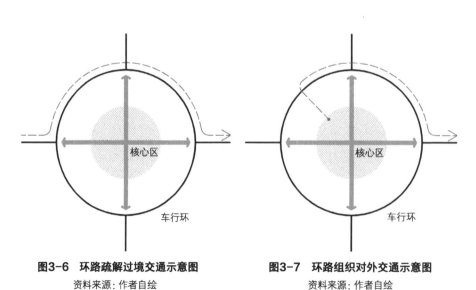

图3-6　环路疏解过境交通示意图
资料来源：作者自绘

图3-7　环路组织对外交通示意图
资料来源：作者自绘

（2）组织对外交通

车行环路既有组织城市中心区的对外交通的作用，又有疏解内部车行交通的作用。（图 3-7）。无需穿过城市中心区，内部车辆就近进入车行交通环路离开城市中心区，有效降低内部车行交通需求。同时，车行环也给城市中心区对外交通的组织提供了便利的条件。

3.2.3 缓冲区

由车行道组成的"缓冲区"位于步行核心区与车行交通环之间，承担内外交通转换的功能，避免车行环与步行核心区之间的相互干扰。

（1）组织交通

缓冲区的构建有利于中心区对外交通的组织（图 3-8）。一方面，缓冲区承担了汇集中心区内部零散车流有序进去车行环路的作用，降低快慢车型的相互干扰；另一方面，通过设置公交车站、停车场，缓冲区起到了有序组织人车换乘的作用。

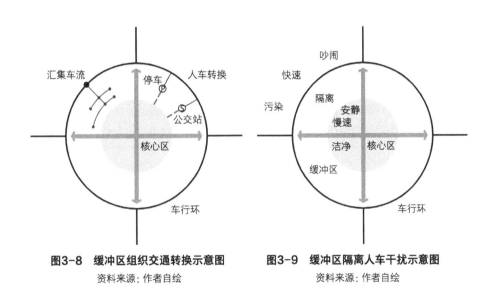

图3-8 缓冲区组织交通转换示意图
资料来源: 作者自绘

图3-9 缓冲区隔离人车干扰示意图
资料来源: 作者自绘

（2）隔离干扰

缓冲区具有隔离步行区与车行环相互干扰的作用（图 3-9）。一方面，缓冲区隔离了车行环路的污染、噪声和危险因素，进一步提升步行区的环境品质；另一方面，缓冲区隔离了步行区慢行交通对车行环路快速交通的干扰，有效保障快速交通的效率。

3.2.4 停车场

停车场分布在步行区外围，中心区停车内外平衡，全局统筹。

（1）停车场外围分布，内外平衡

采用停车场外围分布、内外平衡的策略（图 3-10）。停车场分布在步行区外围，而真正的目的地步行区内停车场却很少，一些城市的步行区内甚至完全没有停车场，如伯明翰。说明中心区停车场的配置并不以建筑或街区为单元进行规划，而是中心区内外平衡，营造出顺畅的换乘流线和无车的步行区环境。发达的步行体系，是实现这一策略的保障。

（2）停车场区域调配，整体平衡

采用停车场区域调配、整体平衡的策略（图 3-11）。抵达城市中心区特定目的地的车辆选择何处的停车场，区别不是很大，这给了车辆灵活选择停车位置的可能性。而城市中心区的停车场则只需考虑总量整体平衡即可，其具体分布则实现了区域间的调配。发达的步行体系和便捷的车行环，是实现这一策略的保障。

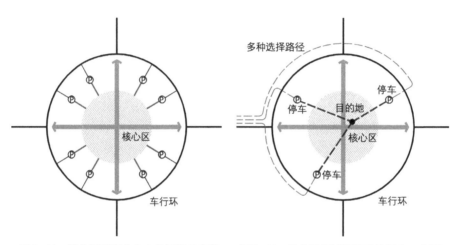

图3-10　停车场沿环分布内外平衡示意图　　　图3-11　停车场区域调配整体平衡示意图
资料来源：作者自绘　　　　　　　　　　　　资料来源：作者自绘

3.3　环路结构的空间尺度

英国城市的规模各不相同，其城市中心区的环路结构也形式各异。但通过对其进行的空间尺度研究发现，各个城市中心区的环路结构尺度与城市规模无关。并且，其尺度比较接近，平均直径主要分布在 700—1100 米之间。说明这是一个"不因城市规模而改变"的、较为合理的城市中心区环路结构尺度。

3.3.1　统计方法

采用测量车行环较大直径和较小直径并取平均值的方法，来测量和统计英国城市中心区车行环的直径（图 3-12）。测量以车行环的道路中线为准，测量该方向上较近两点间的距离。"较大直径"和"较小直径"并非最大和最小直径，而是力求反应中心区的平均直径，以显示环路的尺度。所选两个方向尽量垂直。该测量方法在测量时带有一定的主观因素，但用于反映车行环的尺度，其精度已经足够。

3.3.2 统计结果

根据对 21 个城市中心区的案例进行测量和统计（图 3-13），得出结果如表 3-2 和图 3-14 所示。各个城市中心区车行环的平均直径分布在 400 米到 1700 米。21 个城市的总平均直径为 960 米。在 21 个城市之中，格拉斯哥和设菲尔德的城市中心区环路最大，根据笔者的考证，其环路过大，距离中心区核心功能已经较远，其环路更偏向于服务城市，而非服务城市中心区。若将这两个城市剔除，其余 19 城市的车行环总平均直径为 890 米。

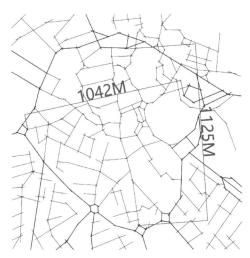

图3-12 德比城市中心区车行环尺度图

资料来源：作者自绘

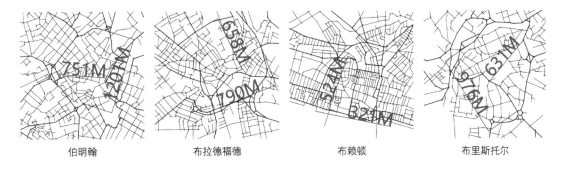

伯明翰　　　　　布拉德福德　　　　　布赖顿　　　　　布里斯托尔

图3-13 英国城市中心区车行环尺度图（一）

资料来源：作者自绘

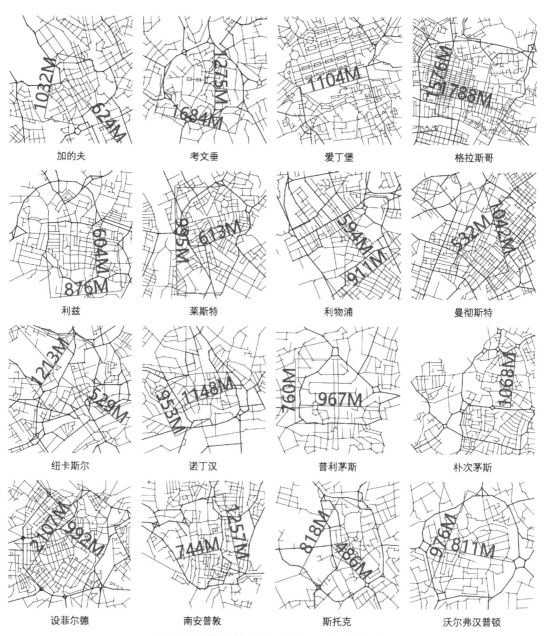

图3-13 英国城市中心区车行环尺度图（二）

资料来源：作者自绘

英国城市中心区车行环直径及城市人口表　　表 3-2

城市	较短直径（米）	较长直径（米）	平均直径（米）	人口（万人）
伯明翰	751	1201	976	109
格拉斯哥	1576	1788	1682	59
利物浦	594	911	752.5	55

续表

城市	较短直径（米）	较长直径（米）	平均直径（米）	人口（万人）
布里斯托尔	631	976	803.5	54
设菲尔德	992	2107	1549.5	52
曼彻斯特	532	1042	787	51
利兹	604	876	740	47
爱丁堡	1104	1104	1104	46
莱斯特	631	995	813	44
布莱德福德	658	790	724	35
加的夫	624	1032	828	34
考文垂	1275	1684	1479.5	33
诺丁汉	953	1148	1050.5	29
斯托克	486	818	652	27
纽卡斯尔	529	1213	871	27
德比	1042	1152	1097	26
南安普敦	744	1257	1000.5	25
朴次茅斯	1068	1068	1068	24
普利茅斯	760	967	863.5	23
布赖顿	321	524	422.5	23
沃尔弗汉普顿	811	976	893.5	21
平均	795	1125	960	—

资料来源：作者自制

3.3.3　结论分析

（1）车行环的尺度，与城市规模无关

图 3-14 展示了英国各个城市中心区尺度与城市建成区人口的对应关系。车行环尺度与城市规模无关。

伯明翰的城市人口是沃尔弗汉普顿的 5 倍，它们城市中心区车行环的尺度却十分接近。人口排名前十的城市，其车行环直径平均为 993 米，人口排名后十的城市，其车行环直径平均为 940 米，尺度接近。而若将格拉斯哥和设菲尔德两个车行环过大的城市剔除，则人口前八的城市，车行环直径平均仅为 838 米，反而小于人口较少的城市。

这说明，经过常年的演化发展，英国城市中心区车行环的尺度发展到一个比较稳定且相互接近的范围，车行环的尺度不因城市规模的大小而改变，而是有其自身的合理范围。

（2）平均直径主要集中分布在 700—1100 米

英国城市中心区车行环的直径，主要集中在 700 米至 1100 米。21 个案例中，有 15

个处于这一区间，占71%（图3-15）。说明这个尺度是比较适合组织城市中心区交通和功能的一个尺度。在此尺度上，环路无法解决大范围的车行交通问题，可见环路确实是为了营造中心区步行空间而建，是为了承担中心区的交通组功能。

700米至1100米是一个比较适宜步行的尺度。一方面，它不太大。根据相关研究[230]，在2.5千米的距离之内，人更加倾向于选择步行。700米至1100米的尺度，使人每次出行中心区的步行距离比较容易控制在2.5千米以内。另一方面，它不太小，700米至1100米的尺度，一般足够容纳多种功能的多组建筑及开敞空间，能够满足建设丰富开敞空间和公共建筑的空间需要，同时也有足够的道路长度和缓冲面积来组织城市中心区的交通转换。

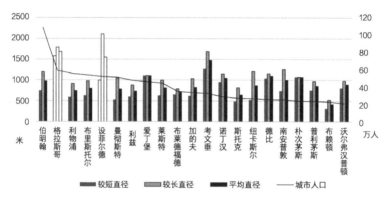

图3-14 英国城市中心区车行环直径及城市人口图
资料来源：作者自绘

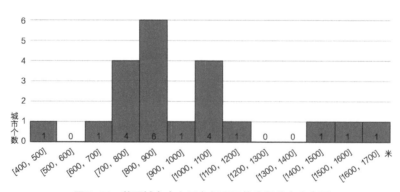

图3-15 英国城市中心区车行环平均直径分布直方图
资料来源：作者自绘

3.4 公共交通的组织方式

公交优先是现代交通重要的发展方向。[224, 231-235] 英国模式的城市中心区空间结构充分体现了公交优先。在城市范围，公交系统与城市腹地的联系十分便捷；在中心区内，紧贴步行区的公交环实现了公交与步行的高效换乘；与其他车行相比，公交环比车行环更加接近城市中心区核心地带，公交比其他车行更加便捷。

3.4.1　便捷的中心区对外联系

英国城市中心区具有便捷的中心区对外交通。城市公共交通体系，常常具有强调中心区对外联系的显著特征。例如加的夫的公交网络，呈现出典型的中心发散结构（图 3-16）。公交线路都由城市中心向外发散，到达城市边缘。乘客从城市中任意位置，都可以乘公交车直接抵达城市中心区。这种公交结构是英国典型的城市公交组织方式。利物浦、布里斯托尔、诺丁汉、德比、考文垂等很多城市都采用这一结构。

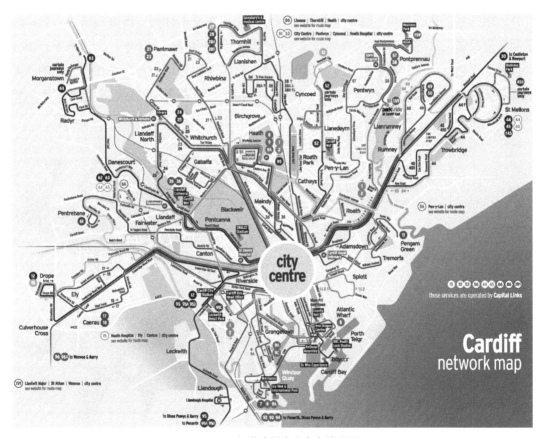

图3-16　加的夫城市公交车线路图

资料来源：参考文献[236]

3.4.2　公交环的高效换乘模式

城市中心区公交站点环绕步行区分布，站点多，分布密集，换乘方便。

以加的夫为例，其城市中心区步行区周边的公交车站达 34 个（图 3-17）。经过对其每一路公交车的运行线路逐一研究（图 3-21），发现公交线路与城市中心区的衔接十分紧密、便捷。[237] 多数公交线路在城市中心区有多个站点，有的甚至停靠 10 次之多（如 Bay Car）。乘客可以自由选择距离目的地最近的站点进行换乘，站点至步行区内任一目的地的距离都可以控制在公交环半径长度范围内，方便出行。通过将加的夫所有公交线路在城市中心区的路径和站点叠合（图 3-18）可以发现，在步行区外围，形成了"公交环"。公交环上，公交车辆的运行和停靠十分密集。

公交环是英国模式城市中心区空间结构的重要组成部分。

3.4.3　公交优先的空间布局

公交环的位置在车行环的内侧。公交环比车行环更加接近城市中心区核心的步行区。此外，限行道的广泛使用，保证了公共交通相对私家车更加优先。英国城市中心区广泛采用了限行道。2014 年，平均每个城市中心区限行道长度近 1.2 千米。大部分限行道仅允许公交车通行，禁止私家车。限行道分布于步行体系周围，一方面是步行体系的重要组成部分，另一方面也保证了公共交通比私家车能够到达距离中心区核心地带更近的位置（图 3-19、图 3-20）。

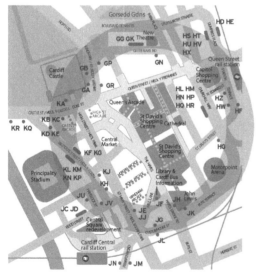

图3-17　加的夫城市中心区公交站分布图

资料来源：作者根据相关参考资料 [238] 绘制

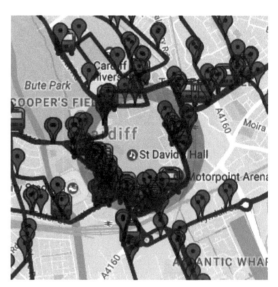

图3-18　加的夫城市中心区各路公交线路叠合图

资料来源：作者自绘

图3-19　2014年加的夫城市中心区交通地图

资料来源：参考文献[229]

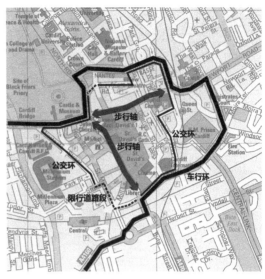

图3-20　加的夫城市中心区车行环路与公交环路位置关系图

资料来源：作者自绘

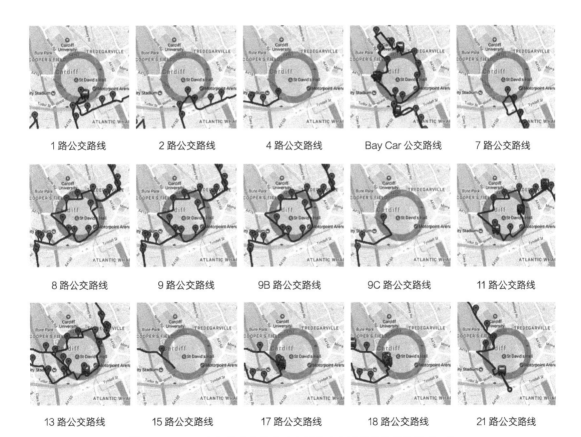

1路公交路线　　2路公交路线　　4路公交路线　　Bay Car 公交路线　　7路公交路线

8路公交路线　　9路公交路线　　9B路公交路线　　9C路公交路线　　11路公交路线

13路公交路线　　15路公交路线　　17路公交路线　　18路公交路线　　21路公交路线

图3-21　2016年加的夫各路公交在城市中心区的具体线路图（一）

资料来源：作者自绘

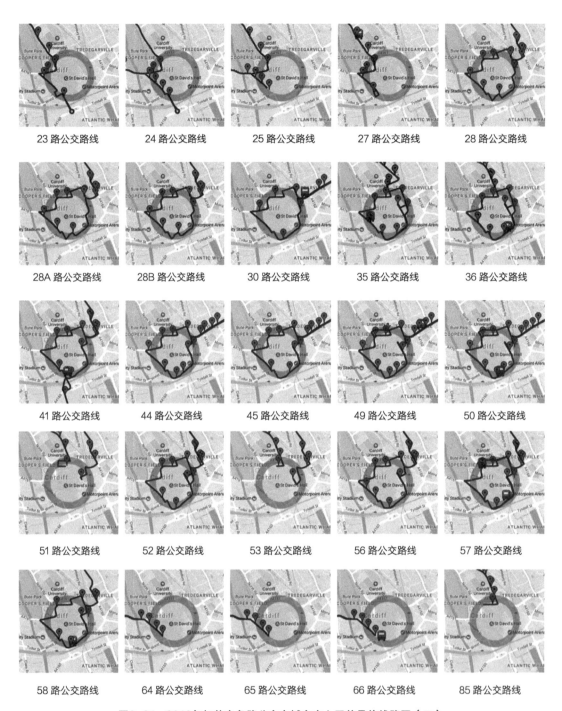

23 路公交路线 24 路公交路线 25 路公交路线 27 路公交路线 28 路公交路线

28A 路公交路线 28B 路公交路线 30 路公交路线 35 路公交路线 36 路公交路线

41 路公交路线 44 路公交路线 45 路公交路线 49 路公交路线 50 路公交路线

51 路公交路线 52 路公交路线 53 路公交路线 56 路公交路线 57 路公交路线

58 路公交路线 64 路公交路线 65 路公交路线 66 路公交路线 85 路公交路线

图3-21　2016年加的夫各路公交在城市中心区的具体线路图（二）

资料来源：作者自绘

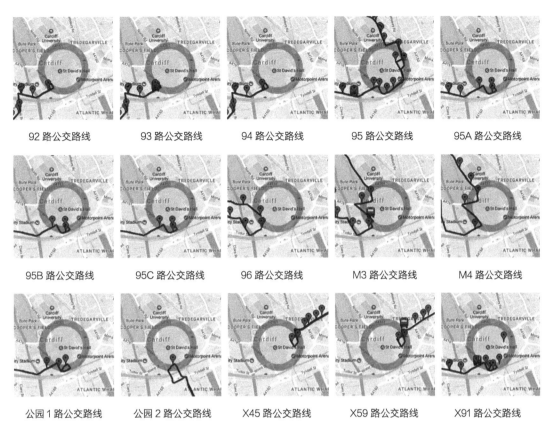

92 路公交路线	93 路公交路线	94 路公交路线	95 路公交路线	95A 路公交路线
95B 路公交路线	95C 路公交路线	96 路公交路线	M3 路公交路线	M4 路公交路线
公园 1 路公交路线	公园 2 路公交路线	X45 路公交路线	X59 路公交路线	X91 路公交路线

图3-21　2016年加的夫各路公交在城市中心区的具体线路图（三）

资料来源：作者自绘

3.5　英国模式空间结构的代表案例

虽然各个城市中心区的路网形式不尽相同，但研究的 21 个案例全部采用了"以地面步行为核心，公交优先，环路组织交通的圈层人车分流结构"，即"英国模式"。不同路网形式如何实现相同的空间结构，可以从以下案例得到答案。

3.5.1　典型结构案例：德比

德比城市中心区是较为标准的环形圈层结构。它具有明确的核心广场、步行区、步行轴线，公交环与车行环皆为明显的环形，且区分清晰（图 3-22 ~ 图 3-25）。

3.5.2　环形路网案例：考文垂

考文垂城市中心区是环形路网的典型案例。虽然其车行环线形十分圆滑，但其内部道路却是具有悠久历史的不规则路网。其步行轴线也较为曲折。在此条件下，其城市中心区仍形成了较为完善的公交环，公交环上分布的公交站点近 50 个，保证了中心区与城市的便捷联系，公交环西侧有两处限行道路段，实现了公交优先（图 3-26 ～图 3-29）。

图3-22　2014年德比城市公交线路图

资料来源：参考文献[239]

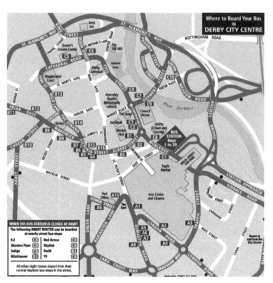

图3-23　2014年德比城市中心区公交线路及
站点分布图

资料来源：参考文献[239]

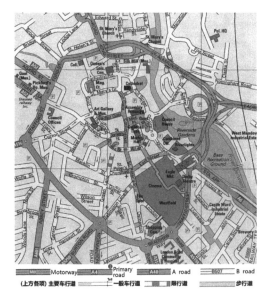

图3-24　2014年德比城市中心区交通图

资料来源：参考文献[229]

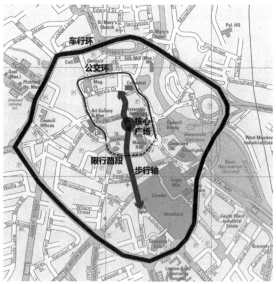

图3-25　德比城市中心区空间结构图

资料来源：作者自绘

图3-26 2017年考文垂城市公交线路图
资料来源：参考文献[240]

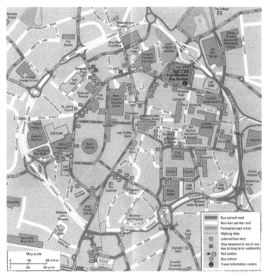

图3-27 2015年考文垂城市中心区公交线路及站点分布图
资料来源：作者拍摄

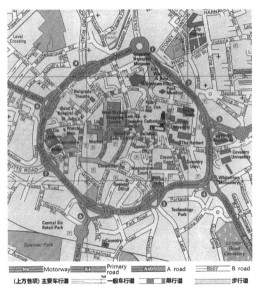

图3-28 2014年考文垂城市中心区交通地图
资料来源：参考文献[229]

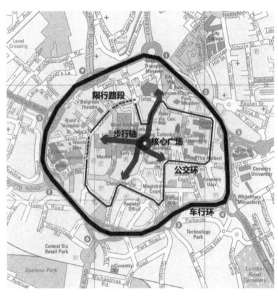

图3-29 考文垂城市中心区空间结构图
资料来源：作者自绘

3.5.3 矩形路网案例：利物浦

利物浦城市中心区是矩形路网的典型案例。其城市中心区范围内历史遗存众多，含多处世界遗产，路网的优化调整只能完全利用现有道路，发展条件苛刻。但其仍形成了结构完整的英国模式空间结构。其步行轴线和步行区均十分明确。由于空间发展受限，公交环与车行环有部分重叠，但多处限行道的应用使公交优先得到落实（图3-30 ～图3-33）。

图3-30　2015年利物浦城市公交线路图
资料来源：参考文献[241]

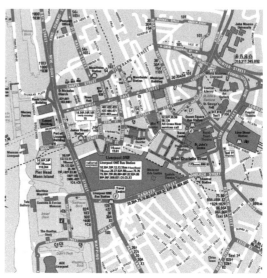

图3-31　2017年利物浦城市中心区公交线路及公交站布点图
资料来源：参考文献[242]

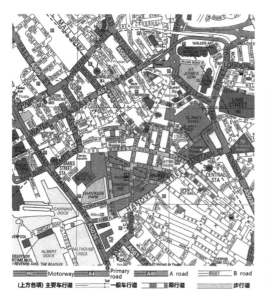

图3-32　2014年利物浦城市中心区交通图
资料来源：参考文献[229]

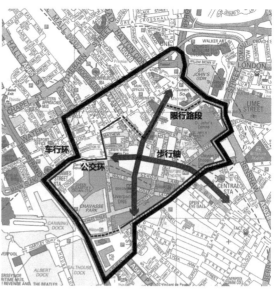

图3-33　利物浦城市中心区空间结构图
资料来源：作者自绘

3.5.4 组合路网案例: 诺丁汉

诺丁汉城市中心区是复杂组合路网的典型案例。其道路网线形各异, 朝向不同, 道路间距大小不一, 交叉口错综复杂。即便如此, 它仍利用复杂的道路, 构成了完整的英国模式空间结构, 体现出英国在步行优先、公交优先方面做出的不懈努力 (图 3-34 ~ 图 3-37)。

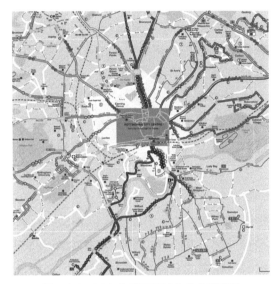

图3-34 2017年诺丁汉城市公交线路图

资料来源: 参考文献[243]

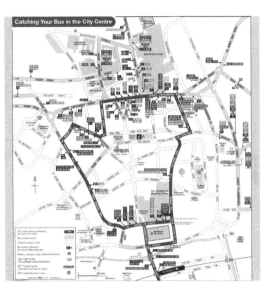

图3-35 2017年诺丁汉城市中心区公交线路及站点分布图

资料来源: 参考文献[244]

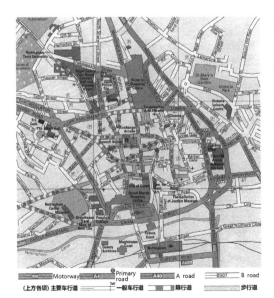

图3-36 2014年诺丁汉城市中心区交通图

资料来源: 参考文献[229]

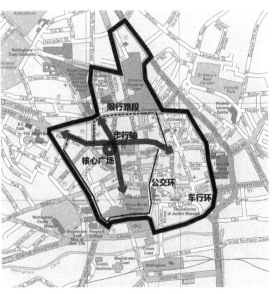

图3-37 诺丁汉城市中心区空间结构图

资料来源: 作者自绘

3.5.5 多环变形案例：利兹

利兹城市中心区是英国模式产生变形的案例。它比常见的模式更加复杂，形成了内外双车行环、东西双公交环的结构（图3-42）。

其车行环分为快速车行环和慢速车行环。中心区外环为快速车行环（图3-38），呈半环结构，是利兹城市内环（Inner Ring Road）的一部分。中心区内环为慢速车行环（利兹 City Centre Loop）（图3-39），与其他城市中心区环路不同，它不是由主要车行道组成，而是主要由支路构成，且顺时针单向行驶。这种快慢组合的双环结构，在英国的城市中心区中是一个独特的案例。

其公交环也有主次两个环。围绕城市中心区商业零售区，形成全部由限行道构成的主要公交环（图3-40）。主公交环实现了利兹城市中心区便捷的对外交通。西侧的公交环为次环（图3-41），它是利兹城市中心区环线（利兹 Citybus）的运行环，连接利兹城市中心区主要地点[245]，包括火车站、汽车站、商业零售区、办公区、医院、大专院校。还承担了城市中心区各个组团之间相互联系的作用。

在总体结构上，虽然有一定的变形，但是利兹城市中心区仍属于"以地面步行为核心，公交优先，环路组织交通的圈层人车分流结构"。其交通规划也明确了这一结构（图3-43），包括公交车、有轨电车、火车、自行车在内的各种公共交通方式，能够抵达更加接近城市中心区核心区的位置，同时也是将来重要的发展方向。

图3-38 利兹城市中心区在城市内环中的位置图
资料来源：作者根据相关资料[246]绘制

图3-39 2014年利兹城市中心区交通地图
资料来源：参考文献[229]

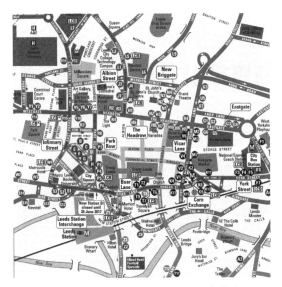

图3-40 2017年利兹城市中心区公交线路及
站点分布图

资料来源：参考文献[247]

图3-41 2016年利兹城市中心区公交环线线路图

资料来源：参考文献[248]

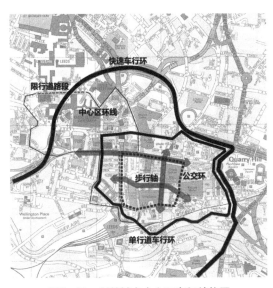

图3-42 利兹城市中心区空间结构图

资料来源：作者自绘

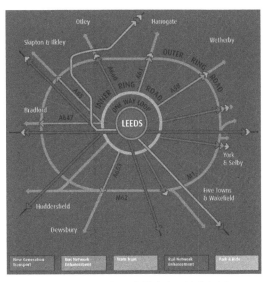

图3-43 2009年利兹城市交通结构规划图

资料来源：参考文献[249]

第 4 章　更新路径模式

英国城市中心区在发展之初,多呈现出"十字路网"结构。车行道为轴线,核心功能区沿车行主干道发展,车行轴线、功能轴线、空间轴线三轴合一。而如今,均演化成为"以地面步行为核心,公交优先,环路组织交通的圈层人车分流结构",也就是"英国模式"空间结构。

其结构演化的过程可以归纳为三种模式:逐步扩大式、一步到位式和远期规划式。

三种模式的区别在于城市中心区车行环路的形成方式、周期及其最终形态。逐步扩大式中,车行环路主要通过提升现有道路等级的方式形成,发展速度较快,但形态较不规整。一步到位式中,车行环路主要通过一次性修建新的道路的方式形成,发展速度较快,形态规整。远期规划式中,车行环路主要通过分多次修建新的道路的方式形成,发展速度较慢,但形态规整。

三种模式中,步行体系的形成方式较为类似,都是将轴线道路、主要道路通过降低等级、改变性质的方法,最终转变为步行道,并构成步行体系。

在所研究的 21 个案例中,逐步扩大式的城市中心区数量最多,有 13 个,占 62%;一步到位式和远期规划式的案例各有 4 个,各占 19%。

4.1　逐步扩大式

4.1.1　第一阶段: 车行中心阶段

第一阶段特征为车行道为轴线,核心功能区沿车行主干道发展。车行轴线、功能轴线、空间轴线三轴合一(图 4-1)。

加的夫是英国威尔士首府,城市历史悠久,其城市中心区在原址更新演化多年。在第一阶段中,加的夫城市中心区保持了以车行道为核心的空间结构。

1896 年,其城市中心区呈现出明显的"一横多纵"的轴线结构 [图 4-2 (a)]。Queen Street 是东西向重要的城市轴线,南北向有多条重要道路,包括 St. Mary Street、Park Place、North Road (King's way)。

1934 年,从图 4-2 (b) 中可以明显看出,此时城市轴线依托机动车道发展,主要的城市轴线 Queen Street 也是重要的车行道路,承担了整个城市东西向车行沟通的重要作用。城市的车行轴线、功能轴线和空间轴线三轴合一。

1967 年，Working Street 取代 St.Marry Street，南北向形成了通畅的车行轴线 [图 4-2（c）]。至此，加的夫城市中心区形成了典型的"十字轴线"式的空间结构。

图4-1 逐步扩大演化模式第一阶段结构图

资料来源：作者自绘

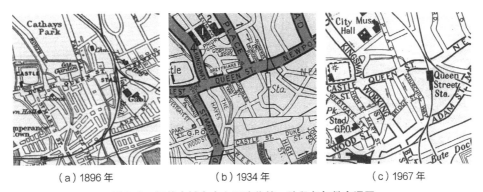

（a）1896 年 （b）1934 年 （c）1967 年

图4-2 加的夫城市中心区演化第一阶段各年份交通图

资料来源：参考文献 [73, 206, 250]

4.1.2 第二阶段：环路形成阶段

第二阶段特征为主要利用现状道路，在核心功能区外围形成环路，核心功能区步行化，主要轴线步行化（图 4-3）。

在逐步扩大式演化途径中，环路常由原有道路组成，所以环路形成的过程时间较短。

在第二阶段中，加的夫城市中心区逐步形成了环绕中心区的车行环路，原有轴线步行化，总体构成了以步行为核心的人车分流空间结构。

1972 年，在 Queen Street 北侧开辟了辅路，分担主轴线的车行压力，将由西向东的过境交通从城市中心区疏散出去 [图 4-4（a）]。这表明，此时加的夫已经开始将车行向中心区外围疏散。

1978 年，城市东西向的主轴线 Queen Street 禁止车辆通行，成为步行道 [图 4-4

（b）]。车行交通功能从 Queen Street 剥离出去，城市中心区空间结构不再车行、功能、空间三轴合一，而是步行、功能、空间三轴合一。

1985 年，城市中心区环路形成，实现了人车分流 [图4-4（c）]。环路内部的道路全部降级，并且全部为尽端路。而以 Queen Street 为核心的步行体系得到了发展，形成了不间断的网络。火车站 Queen Street Station 被包括在环路内部，与步行体系联系紧密，说明公共交通已经开始在城市中心区对外交通上发挥重要作用。

这一人车分流的空间结构在加的夫城市中心区形成以后，发挥了良好的作用，一直稳定延续了近 20 年。

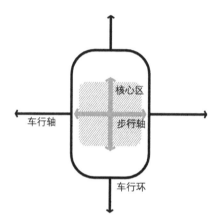

图4-3 逐步扩大演化模式第二阶段结构图

资料来源: 作者自绘

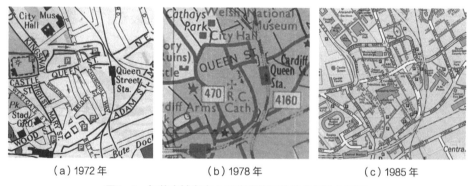

（a）1972 年　　　　（b）1978 年　　　　（c）1985 年

图4-4 加的夫城市中心区演化第二阶段各年份交通图

资料来源: 参考文献 [218, 251, 252]

4.1.3 第三阶段: 中心扩展阶段

第三阶段特征为核心功能区和步行区逐步扩展，超出环路范围，环路尺度不能满足需要（图4-5）。

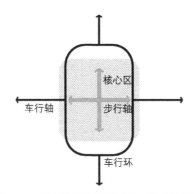

图4-5　逐步扩大演化模式第三阶段结构图

资料来源：作者自绘

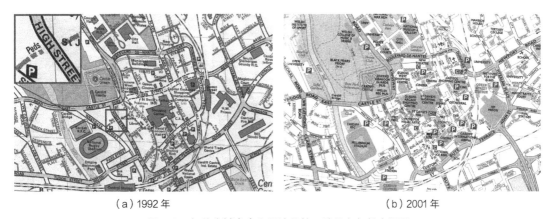

（a）1992年　　　　　　　　　　　　　　　（b）2001年

图4-6　加的夫城市中心区演化第三阶段各年份交通图

资料来源：参考文献[253, 254]

在第三阶段中，加的夫城市中心区的核心功能区逐步扩大，向西跨越了车行主干道 High Street，车行与步行的矛盾再次产生。

High Street 是正对加的夫重要的遗迹加的夫 Castle 的南北向轴线，由于其在 Clare Street 和 Fitzalan Place 之间 1600 米的距离内，是唯一一条南北向贯通的道路，所以它承担了重要的南北向车行交通的重要作用。在第二阶段的人车分流过程中，这一道路仍被当成交通主干道。

1992 年，城市中心区的步行体系和核心功能区进一步发展，向西扩张，终于突破了城市环路，跨越到了环路以外 [图 4-6（a）]。Quay Street 便是 High Street 以西的第一条步行街道。可以推断，城市中心区的核心功能和步行体系，在此时已经和 High Street 的车行产生了相互干扰。

2001 年，High Street 已经发展成为商业氛围浓厚的街道 [图 4-6（b）]。多条步行商业街直接与其相连，包含 High Street Arcade、Church Street、Morgan Arcade、

Royal Arcade 等。High Street 继续承担城市南北向车行主干道的作用已经力不从心。而西侧的 Clare Street 升级为主干道，起到了分担南北向车行的作用。此时，随着城市中心区的发展，核心功能区和车行主干道之间的矛盾再次出现，人车矛盾再次显著。

4.1.4 第四阶段：环路扩展阶段

第四阶段特征为环路扩大，以适应核心功能区扩张的需要。结构完善，体现出公交优先的内外双环结构（图4-7）。

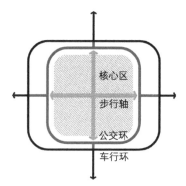

图4-7 逐步扩大演化模式第四阶段结构图
资料来源：作者自绘

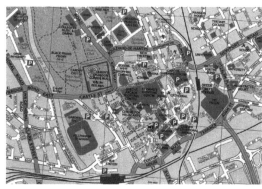 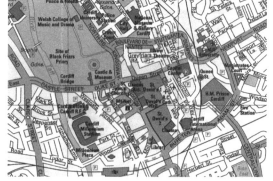

（a）2002 年 （b）2014 年

图4-8 加的夫城市中心区演化第四阶段各年份交通图
资料来源：参考文献 [229, 255]

在第四阶段中，为了适应城市中心区的扩张，加的夫城市中心区的环路进行了扩张。这体现出在第二阶段车行让位于步行之后，车行再次让位于步行，体现出了步行优先的城市中心区空间结构发展特征。

2002 年，High Street 降级为支路 [图 4-8（a）]。不再承担过境交通的职能。由于其正对加的夫 Castle 的独特空间位置，其文化底蕴浓厚，发展条件优越，很快便成为加的夫城市中心区重要的商业街。

2014 年，High Street 成为限行道，并成为城市中心区步行体系的重要组成部分 [图 4-8（b）]。该道路禁止过境交通和公共交通通行，仅允许沿街商铺的少量车辆进入，且道路北端设有栏杆，车辆仅能从南端进入，整条路具有很高的限行等级，在大部分时间，可将其看作步行街（详见第 2 章）。西侧的 Clare Street 成为新的环路的一部分，环路向西扩展了 600m，重新将核心功能区和步行体系囊括进来。

第四阶段车行环路的扩展显示了环路的灵活变化，只需通过道路等级的调整和路权的管理，就能改变环路的尺度和形态，使之适应城市中心区发展的需要。

4.1.5 逐步扩大式演化途径的城市中心区

英国采用逐步扩大式演化途径的城市中心区路网发展见图 4-9 ~ 图 4-20。

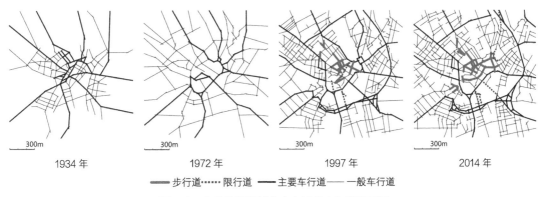

━━━ 步行道 ┄┄┄ 限行道 ━━━ 主要车行道 ── 一般车行道

图4-9 布拉德福德城市中心区代表年份路网图

资料来源：作者自绘

━━━ 步行道 ┄┄┄ 限行道 ━━━ 主要车行道 ── 一般车行道

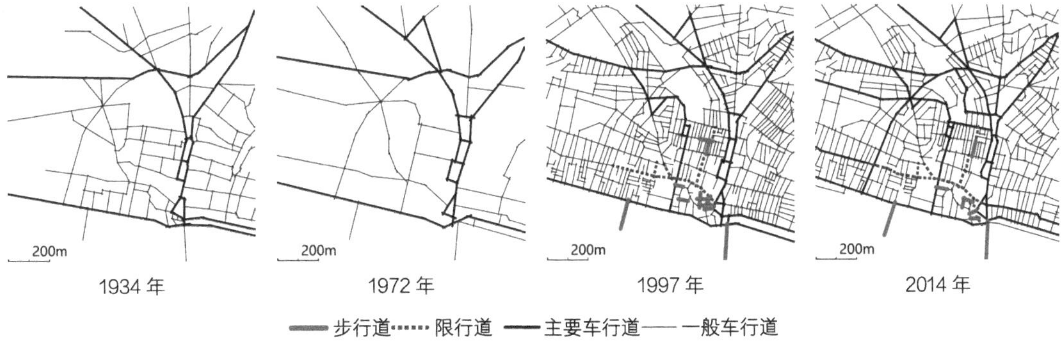

图4-10 布赖顿城市中心区代表年份路网图

资料来源：作者自绘

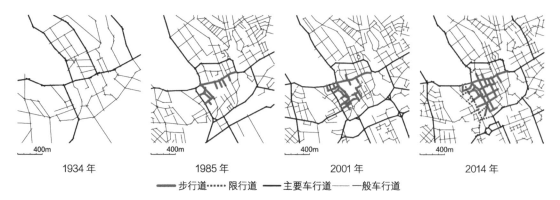

1934 年   1985 年   2001 年   2014 年

——步行道 ····· 限行道 —— 主要车行道 —— 一般车行道

图4-11 布里斯托尔城市中心区代表年份路网图

资料来源：作者自绘

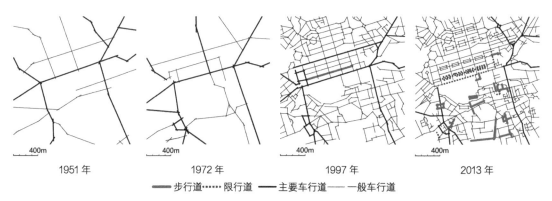

1951 年   1972 年   1997 年   2013 年

——步行道 ····· 限行道 —— 主要车行道 —— 一般车行道

图4-12 爱丁堡城市中心区代表年份路网图

资料来源：作者自绘

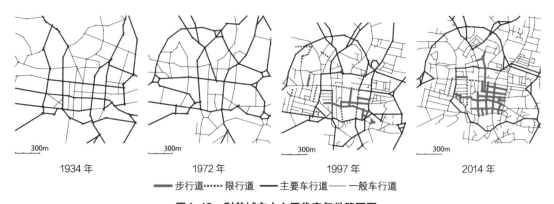

1934 年   1972 年   1997 年   2014 年

——步行道 ····· 限行道 —— 主要车行道 —— 一般车行道

图4-13 利兹城市中心区代表年份路网图

资料来源：作者自绘

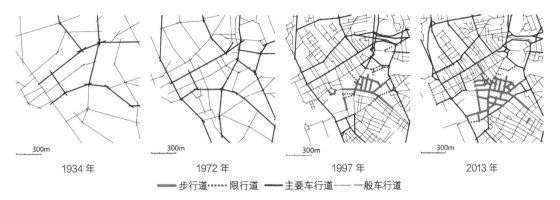

1934 年　　　　　1972 年　　　　　1997 年　　　　　2013 年

——步行道 ·····限行道 ——主要车行道 —— 一般车行道

图4-14 利物浦城市中心区代表年份路网图

资料来源：作者自绘

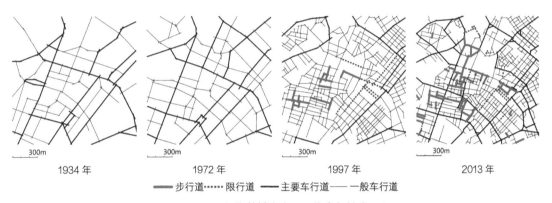

1934 年　　　　　1972 年　　　　　1997 年　　　　　2013 年

——步行道 ·····限行道 ——主要车行道 —— 一般车行道

图4-15 曼彻斯特城市中心区代表年份路网图

资料来源：作者自绘

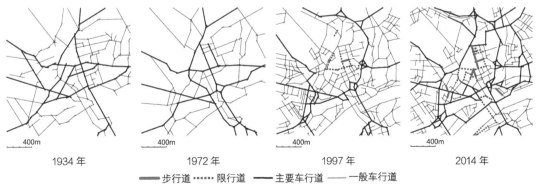

1934 年　　　　　1972 年　　　　　1997 年　　　　　2014 年

——步行道 ·····限行道 ——主要车行道 —— 一般车行道

图4-16 纽卡斯尔城市中心区代表年份路网图

资料来源：作者自绘

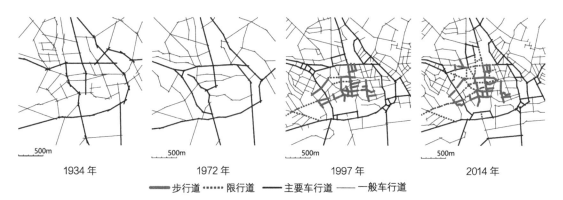

1934 年　　　　　1972 年　　　　　1997 年　　　　　2014 年

—— 步行道 ⋯⋯ 限行道 —— 主要车行道 —— 一般车行道

图4-17　诺丁汉城市中心区代表年份路网图

资料来源: 作者自绘

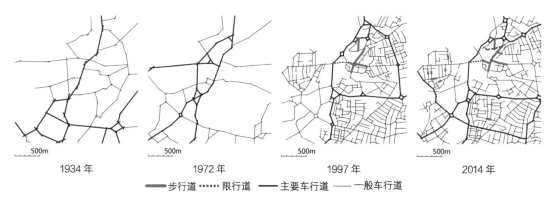

1934 年　　　　　1972 年　　　　　1997 年　　　　　2014 年

—— 步行道 ⋯⋯ 限行道 —— 主要车行道 —— 一般车行道

图4-18　朴次茅斯城市中心区代表年份路网图

资料来源: 作者自绘

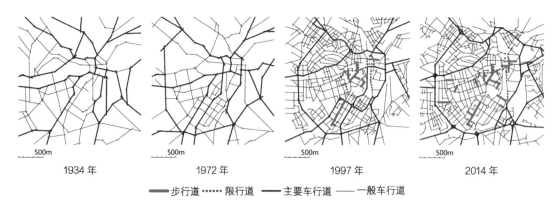

1934 年　　　　　1972 年　　　　　1997 年　　　　　2014 年

—— 步行道 ⋯⋯ 限行道 —— 主要车行道 —— 一般车行道

图4-19　设菲尔德城市中心区代表年份路网图

资料来源: 作者自绘

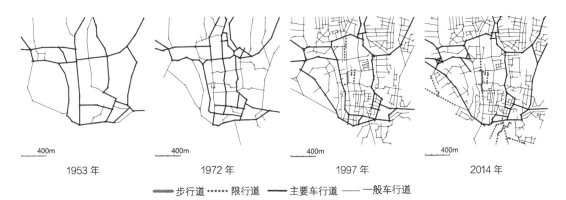

400m   400m   400m   400m

1953 年   1972 年   1997 年   2014 年

━━ 步行道　·····限行道　━━ 主要车行道　── 一般车行道

图4-20　南安普敦城市中心区代表年份路网图

资料来源: 作者自绘

4.2　一步到位式

4.2.1　第一阶段: 车行中心阶段

第一阶段特征为车行道为轴线,核心功能区沿车行主干道发展。车行轴线、功能轴线、空间轴线三轴合一(图 4-21)。

核心区

车行轴

图4-21　一步到位式演化第一阶段模式图

资料来源: 作者自绘

(a)1893 年   (b)1934 年   (c)1961 年

图4-22　考文垂城市中心区演化第一阶段各年份交通图

资料来源: 参考文献 [73, 206, 207]

考文垂是具有千年历史的古城，其城市中心区的车行环路和步行体系是环路结构人车分流的典型案例。[256]在第一阶段中，城市中心区呈现出明显的十字轴线结构,车行轴线、功能轴线、空间轴线三轴合一。

1893 年，考文垂城市中心区为典型的"十字轴线"结构，主要道路十字交叉，交叉节点 Broad Gate 是城市中心区标志节点［图 4-22 (a)］。围绕十字结构，分布着城市中心区的核心功能，包括教堂、市场、医院、政府等。

1934 年，十字轴线的结构继续延续，而在本时期地图中，三轴合一的空间结构尤为明显，十字交叉的功能轴线和空间轴线同时也是车行轴线［图 4-22 (b)］。而这一时期，城市中心区内除十字轴线外，还有很多其他主干道，可以看出，由车行主干道作为空间框架的特征较为明显。

1961 年，交通干道仍然是城市中心区的空间框架，而城市中心区由十字路口变为丁字路口，Broad Gate 以西的道路消失［图 4-22 (c)］。这是由于第二次世界大战后，随着城市中心区人车矛盾的日益加剧，考文垂开始了城市中心区改造的规划，将车行交通向城市中心区外迁移。

4.2.2　第二阶段：环路修建阶段

第二阶段特征为在核心功能区外围修建新的环路。原轴线性主干道降级（图 4-23 ）。

在第二阶段中，考文垂专门修建了城市中心区车行环路。过境交通被疏散到城市中心区外围。

考文垂城市中心区环路几乎没有利用现有道路，而是全部重新修建。1962 年，便有部分路段建成开通。[258]

1967 年，环路大部分已经完工（图中虚线为"在建道路"）［图 4-24 (a)］。

1970 年，城市中心区车行环路修建完毕，从图 4-24 (b)可见，车行环道路等级明显高于环内道路。环路内部道路级别比环路至少低 2 个等级。车行环路内部的道路不再

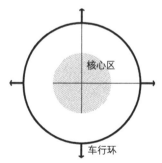

图4-23　一步到位式演化第二阶段模式图

资料来源：作者自绘

承担过境交通的作用，城市中心区的步行环境得到改善。

1972 年，原城市轴线道路降级为单行道 [图 4-24（c）]，但城市中心区核心广场 Broad Gate 仍有汽车通过。

考文垂的城市中心区车行环路全部为新建，其道路线形较为圆滑，道路等级较高，目前全线为快速路，交叉口分布较为平均，沿途 9 个交叉口中，有 8 个是全互通立交。[258]

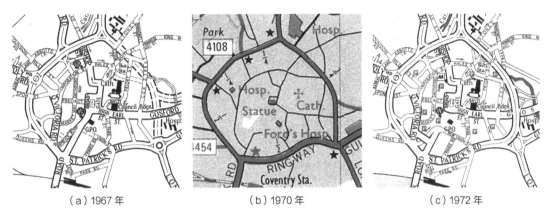

（a）1967 年　　　　　　　　　（b）1970 年　　　　　　　　　（c）1972 年

图4-24　考文垂城市中心区演化第二阶段各年份交通图

资料来源：参考文献 [218, 250, 257]

4.2.3　第三阶段：内环过渡阶段

第三阶段特征为核心道路步行化，形成步行区。环路具有一定超前性，核心功能区不够大时，车行环路内形成支路组成的内环路，临时组织交通（图 4-25）。

在第三阶段，考文垂城市中心区核心功能区步行化，在步行核心和车行环路之间，形成了由支路组成的内环路，组织城市中心区车行交通。

1976 年，穿过城市正中心的道路继续降级，而在环路内部又形成了新的"内环路" [图 4-26（a）]。内环路由现状道路升级而构成，与 1972 年相比，可以明显看出，在 1972 年，轴线道路 High Earl 和 Bishop 等级较高，而 1976 年，内环路 Victoria Road、Corporation Street、Hales Street 的等级较高。这体现了由道路等级的调整来控制交通结构的手法。

1985 年，图 4-26（b）中体现了内外双层环路的交通结构。此时，在城市中心区内部形成了步行道和限行道结合的步行体系，核心广场 Broad Gate 三面被限行道包围。

1992 年，图 4-26（c）中双圈层环路结构继续存在，单内环道路开始降级，内环的作用开始减弱。核心功能区和步行体系进一步发展。

笔者推测，考文垂城市中心区的内环路是在双重背景下产生的。一方面，车行环路尺度超前于核心功能区尺度。考文垂城市人口位于英国第 13 位，其车行环路的尺度却位列第一（也可算作第三，详见第3.3节），且其车行环路修建年份在英国属于比较早的，中心区不够大，而环路太大，所以暂时需要内环来组织中心区交通；另一方面，过渡区、公交环、限行道等理念尚未形成体系，中心区仍采用简单的人车分流结构，而没有公交环，也没有公交优先的指导思想，所以内环仍为贯通的车行道。

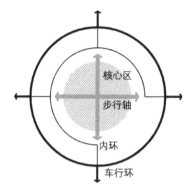

图4-25　一步到位式演化第三阶段模式图
资料来源: 作者自绘

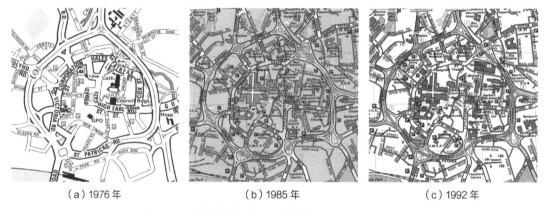

|（a）1976 年|（b）1985 年|（c）1992 年|

图4-26　考文垂城市中心区演化第三阶段各年份交通图
资料来源: 参考文献[208, 252, 253]

4.2.4　第四阶段: 步行核心阶段

第四阶段特征为结构完善，体现出公交优先的内外双环结构。步行轴线、功能轴线、空间轴线三轴合一（图 4-27）。

在第四阶段，考文垂城市中心区的核心功能区步行体系逐步发展，步行轴线、功能轴线、空间轴线三轴合一。内环路消失，取而代之的是包含限行道路段的公交环路。城市中心区的空间结构趋于完善。

1994 年，内环路的部分路段转换成为限行道，只允许公交车通行［图 4-28（a）］。

从此，内环路对于普通车行不再贯通，而仅对公交来说，仍是环路。这标志着公交优先理念开始在空间上落实。

2005 年，步行体系逐步完善，核心功能区步行体系进一步发展［图 4-28（b）］。

2014 年，车行进一步受到限制，步行进一步发展［图 4-28（c）］。核心广场 Broad Gate 由限行道演化为纯步行广场［图 4-29（b）］，而内环路则被进一步打断，步行道延伸至北侧的 Transport Museum。

考文垂在人行道施工时，对临时人行道的引导，也体现出对步行的充分重视。在人行道施工时，占用车行道的空间，划定临时人行道，人行道用围栏隔离起来，以保护行人安全，并且用明确的临时路牌用以指引。这充分保证了，在人行道修建时期，步行交通仍然秩序井然，而非消极混乱。在细节处体现了步行优先。笔者在英国曾多次见过这种在施工过程中对人行道的引导与隔离，可见这是一种普遍的做法（图 4-30）。

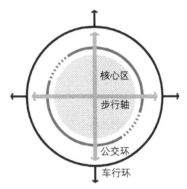

图4-27　一步到位式演化第四阶段模式图

资料来源：作者自绘

（a）1994 年　　　　　　　（b）2005 年　　　　　　　（c）2014 年

图4-28　考文垂城市中心区演化第四阶段各年份交通图

资料来源：参考文献 [210, 229, 259]

（a）1931 年 Broadgate 街景照片

资料来源：参考文献[260]

（c）1926 年 High Street 街景照片

资料来源：参考文献[260]

（b）2015 年 Broadgate 街景照片

资料来源：作者自摄

（d）2015 年 High Street 街景照片

资料来源：作者自摄

图4-29　考文垂城市中心区新老照片对比图

（a）明确的临时步行指示牌

（b）占用车行道划出临时步行道

（c）安全的步行隔离设施

图4-30　考文垂人行道施工现场照片

资料来源：作者自摄

4.2.5　一步到位式演化途径的城市中心区

英国采用一步到位式演化途径的城市中心区路网发展见图 4-31 ～图 4-33。

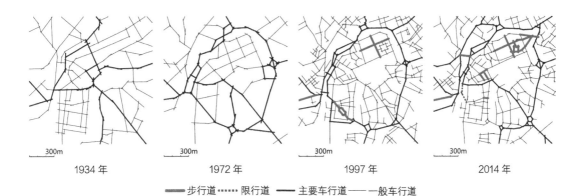

1934 年　　　　1972 年　　　　1997 年　　　　2014 年

━━步行道 ┄┄┄限行道 ━━主要车行道 ──一般车行道

图4-31　布里斯托尔城市中心区代表年份路网图

资料来源：作者自绘

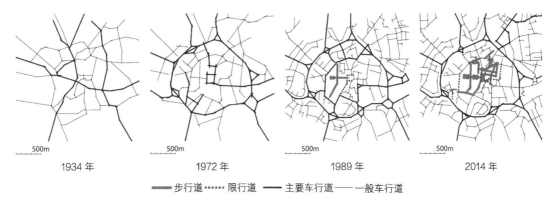

1934 年　　　　1972 年　　　　1989 年　　　　2014 年

━━步行道 ┄┄┄限行道 ━━主要车行道 ──一般车行道

图4-32　考文垂城市中心区代表年份路网图

资料来源：作者自绘

1934 年　　　　1972 年　　　　1997 年　　　　2014 年

━━步行道 ┄┄┄限行道 ━━主要车行道 ──一般车行道

图4-33　格拉斯哥城市中心区代表年份路网图

资料来源：作者自绘

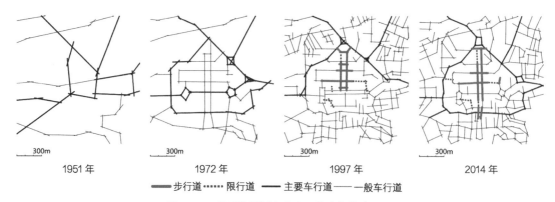

1951年   1972年   1997年   2014年

——步行道 ⋯⋯限行道 ━━主要车行道 ——一般车行道

图4-34　普利茅斯城市中心区代表年份路网图

资料来源：作者自绘

4.3　远期规划式

4.3.1　第一阶段：车行中心阶段

第一阶段特征为车行道为轴线，核心功能区沿车行主干道发展。车行轴线、功能轴线、空间轴线三轴合一（图4-35）。

沃尔弗汉普顿城市中心区环路的修建时间长、阶段多，十分具有代表性（图4-36）。

在第一阶段，沃尔弗汉普顿城市中心区呈现出明显的十字轴线结构，车行轴线、功能轴线、空间轴线三轴合一。

历史上的沃尔弗汉普顿城市中心是典型的沿城市主要道路两侧发展的中心形态。这一阶段道路布局并没有发生较大的变化，城市中心区被主要道路分割。随着汽车业的发展，主要道路车速不断提高，导致交通事故率上升，一些英国早期的规划师意识到了这一城市问题的严重性。

图4-35　远期规划式演化第一阶段模式图

资料来源：作者自绘

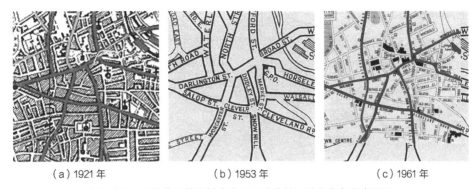

(a) 1921 年　　　　　(b) 1953 年　　　　　(c) 1961 年

图4-36　沃尔弗汉普顿城市中心区演化第一阶段各年份交通图

资料来源：参考文献 [206, 261, 262]

4.3.2　第二阶段：环路形成阶段

第二阶段特征为车行环路分多次修建。修建过程中，已修建道路与现状道路围合，形成"半环"结构，起到"临时环路"的作用（图4-37）。

在第二阶段，沃尔弗汉普顿的城市中心区车行环路分多次进行修建，从规划到建成历时42年（图4-38）。

1944 年，第一版环路规划便编制完成（图4-39）。其中的许多重要内容一直沿用至今，包括环路的尺度、位置，市民中心的大体位置。而规划中也有部分内容在日后被改动，包括与环路紧密接触的市民中心［图4-39（a）］，与车行交叉口紧密接触的建筑布局［图4-39（b）］。在后来的规划方案中（图4-40），对环路西北角进行了修改，交叉口不再作为建筑布局的重要节点，市民中心选址也不再与环路两面接触，而是在西侧留有一定距离，仅在北侧一面接触。

1961 年，环路的第一段建成开通［图4-38（a）］。[265]

1967 年，在现有道路的整修和拓宽的基础上，Ring Road 连接 Darlington Road 和 Snow Hill Road 形成了一个"四分之一环"的车行环路［图4-38（a），图4-41］。

1970 年，中心环路进一步向北延伸，并且打通连接 Snow Hill Road 和 Stafford Road［图4-38（b）］。此时，两条东西向轴线道路 Darlington Road 和 Cleveland Road 降级。

1972 年，环路西侧修建完成［图4-38（c）］。此时，沃尔弗汉普顿形成了"半环"的空间结构，起到了临时环路的作用。

1981 年的图中，"半环"空间结构非常明显，西侧环路修建完毕，它与南北向车行轴线一起，构成了半环式的车行环路［图4-38（d）］。环路内部道路等级较低，过境交通被从城市中心区疏散出去。

1985 年，环路继续修建，东半侧的道路结构较为混乱，而西侧的半环结构比较清晰，发挥了较好的组织交通的作用［图4-38（e）］。

1986年，环路修建完成［图4-38（f）］。[265] 从1944年第一版规划编制完成算起，已经经历了42年，从1961年第一段道路建成算起，也已经历时21年。

沃尔弗汉普顿城市中心区环路从规划到建成经历了漫长的时间，展示了远期修建性规划的可能性。同时，其修建过程中"半环"式的"过渡环路"在很长时间内发挥了较好的作用，展示了分期规划中各个阶段的充分考虑。

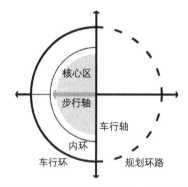

图4-37　远期规划式演化第二阶段模式图

资料来源：作者自绘

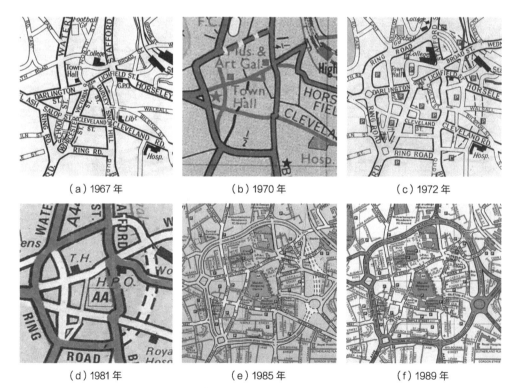

（a）1967年　　　　　（b）1970年　　　　　（c）1972年

（d）1981年　　　　　（e）1985年　　　　　（f）1989年

图4-38　沃尔弗汉普顿城市中心区演化第二阶段各年份交通图

资料来源：参考文献 [209, 218, 252, 257, 263, 264]

（a）带有地下过街设施的车行交叉口

（b）规划市民中心与环路

（c）规划环路

图4-39　1944年沃尔弗汉普顿规划
资料来源：参考文献 [266, 267]

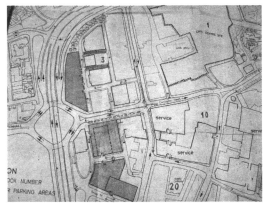

图4-40　修改后的环路规划方案
资料来源：参考文献 [268]

图4-41　1960年代沃尔弗汉普顿城市中心区环路照片
资料来源：参考文献 [269]

4.3.3　第三阶段：内部优化阶段

第三阶段特征为结构逐步完善，体现出公交优先的内外双环结构。步行轴线、功能轴线、空间轴线三轴合一（图 4-42）。

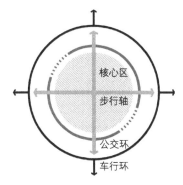

图4-42　远期规划式演化第三阶段模式图
资料来源：作者自绘

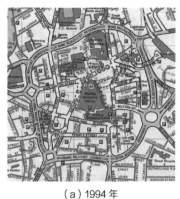  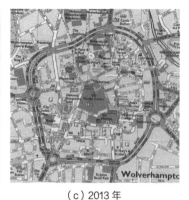

| （a）1994 年 | （b）2005 年 | （c）2013 年 |

图4-43　沃尔弗汉普顿城市中心区演化第三阶段各年份交通图

资料来源：参考文献 [210, 259, 270]

在第三阶段，沃尔弗汉普顿城市中心区内部路网进一步优化，轴线道路步行化，步行体系进一步优化，步行轴线、功能轴线、空间轴线三轴合一，公交环逐步形成。

1994 年，沃尔弗汉普顿城市中心环路内部开始出现限行道路，Victoria Street 和 Lichfield Street 成为限行道路 [图 4-43（a）]。城市中心区东西向轴线实现步行化。至此，交通功能被从城市轴线道路上剥离出去，形成了步行轴线、功能轴线、空间轴线三轴合一的格局。

2005 年，中心环路内部限行道路进一步向步行道路转变 [图 4-43（b）]。Victoria Street、Lichfield Street、King Street、Queen Street、Berry Street、Dudley Street 和 Cheapside Street 均被规划改建成为步行道路。

2013 年，中心环路内部道路进一步优化，形成步行路与限行道路相结合的模式，城市中心区南北向轴线实现步行化 [图 4-43（c）]。Lichfield Street、Darlington Street、Market Street 和 Garrick Street 规划为限行道路，King Street、Queen Street 和 Dudley Street 仍然为步行道路。其中，限行道路允许公共交通通行，形成由限行道路和支路组成的公共交通环。

可以看出，沃尔弗汉普顿城市中心区经历了由车行中心向圈层环路中心的转变。通过对其三个阶段的详细分析解读，可以发现城市结构在不断优化的过程。在 21 年的重点建设过程中，每一段"临时空间结构"都具有良好的功能，从小中心环到西半侧中心环，再到整体中心环，最终形成整体中心环结合内部公共交通环，这个逐步优化过程是连贯而有序建设的。不难发现，该规划具有卓越的前瞻性、可操作性和兼容性，其发展过程也反映出社会各界对城市发展思路的一贯性坚持。

该案例也深刻地体现了英国步行优先的城市中心区规划的发展历程。从 1980 年代以前的车行中心发展到 1980 年代开始直接借鉴德国与荷兰交通稳静化的成功案例，最终发展出可持续的且适合英国城市发展的综合圈层环路中心。该案例也是英国许多城市中心区环路建设的代表。

（a）1985 年斯托克　　　　　　　（b）1997 年斯托克　　　　　　　（c）2013 年斯托克

图4-44　各年份斯托克交通地图

资料来源：参考文献 [252, 270, 271]

斯托克城市中心区也是远期规划式演化的一个代表案例。斯托克城市中心环路建设始于 1986 年 [272]，当年即完成了大部分，形成了半环结构 [图 4-44（b）]，这一结构一直维持了 30 年。目前，环路西侧正在修建，但尚未完成。斯托克案例很好地展示了环路修建的"阶段成果"也具有良好的功能，可供长期使用，同时也展示了修建的周期可根据城市中心区规模的需要进行灵活调整。笔者推测，斯托克规模不大，半环的尺度已经能够满足其城市中心区的需要，所以其西侧半环的建设推迟了 30 年。

4.3.4　远期规划式演化途径的城市中心区

英国采用远期规划式演化途径的城市中心区路网发展见图 4-45 ～图 4-48。

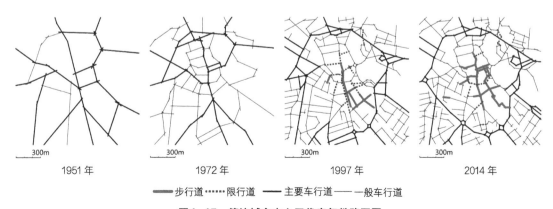

1951 年　　　　　　　1972 年　　　　　　　1997 年　　　　　　　2014 年

━━━步行道 ┈┈┈限行道 ━━主要车行道 ──一般车行道

图4-45　德比城市中心区代表年份路网图

资料来源：作者自绘

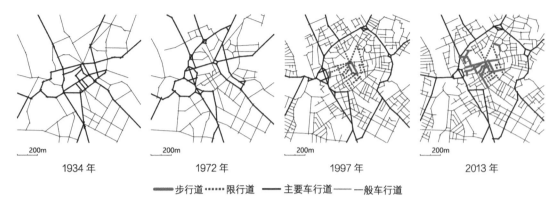

1934 年　　　1972 年　　　1997 年　　　2013 年

▬▬步行道 ┈┈┈限行道 ▬▬主要车行道 ——一般车行道

图4-46　莱斯特城市中心区代表年份路网图
资料来源：作者自绘

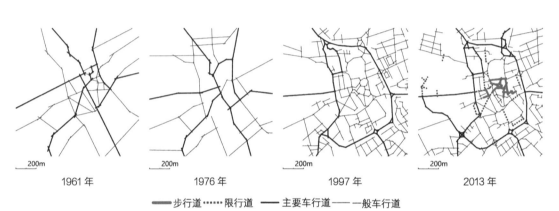

1961 年　　　1976 年　　　1997 年　　　2013 年

▬▬步行道 ┈┈┈限行道 ▬▬主要车行道 ——一般车行道

图4-47　斯托克城市中心区代表年份路网图
资料来源：作者自绘

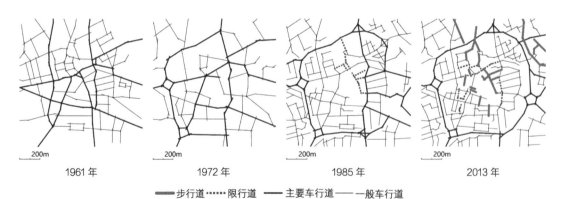

1961 年　　　1972 年　　　1985 年　　　2013 年

▬▬步行道 ┈┈┈限行道 ▬▬主要车行道 ——一般车行道

图4-48　沃尔弗汉普顿城市中心区代表年份路网图
资料来源：作者自绘

4.4　几种不常见的演化现象及解析

4.4.1　演化途径：伯明翰一步到位式向逐步扩大式的转化

伯明翰是英国第二大城市，其城市中心区的空间结构的演化经历了由一步到位式向逐步扩大式的转化。

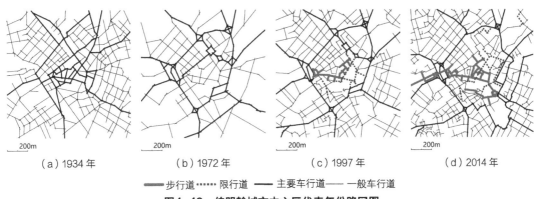

（a）1934年　　　　（b）1972年　　　　（c）1997年　　　　（d）2014年

━━步行道 ┈┈┈限行道 ━━主要车行道━━一般车行道

图4-49　伯明翰城市中心区代表年份路网图

资料来源：作者自绘

其城市中心区在形成之初，呈现出明显的车行轴线、功能轴线、空间轴线三轴合一的特征[图4-49（a）]。1972年，其城市中心区外围形成了专门修建的车行环路[图4-49（b）]，至1997年[图4-49（c）]，其城市中心区已经形成了英国模式的空间结构。至此，其演化过程符合一步到位式的途径。

但在此之后，城市中心区进一步发展，核心功能区和步行体系进一步扩张，环路的尺度不能满足需要。于是，2000年，环路被打破，以适应步行体系扩张的需要。目前，其城市中心区环路东侧部分已全部外扩[图4-49（d）]，采用现有道路升级而成。而其整体空间结构仍然是典型的英国模式（详见第3章）。伯明翰城市中心区2000年之后的演化，呈现出典型的逐步扩大式途径的特征。

这种由一步到位式向逐步扩大式的转化，体现出为了使车行环的尺度适应城市中心区的发展，各种途径可以灵活变通，多种方法可以综合使用。

4.4.2　环路尺度：布里斯托尔车行环的缩小

通常来说，环路的尺度会跟随城市中心区的发展而逐步扩大，布里斯托尔城市中心区环路的尺度却出现了缩小的现象。

|（a）1903 年|（b）1989 年|（c）2000 年|（d）2014 年|

图4-50　历年布里斯托尔城市中心区交通地图

资料来源：参考文献[73, 205, 209, 229]

从图 4-50（a）和图 4-50（b）中可以看出，1989 年，布里斯托尔已经形成了十分完整的车行环路，环路的西南角从 Queen Square 中心穿过。而公园具有悠久的历史，其形成时间可追溯至 1720 年 ❶，环路穿过公园是对城市历史的破坏。于是在 2000 年，公园被复原，车行环路被请出了公园，公园内部完全步行［图 4-50（c）］。

而环路的走线经过了探索，由一开始的绕公园而行［图 4-50（c）］，转变至如今的形态［图 4-50（d）］。

布里斯托尔城市中心区环路的改道，体现出车行交通尊重历史文化的价值取向（图 4-51，图 4-52）。

 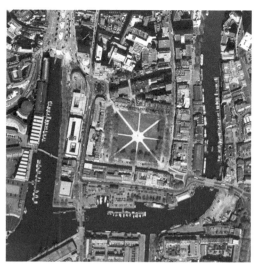

|（a）1999 年|（b）2003 年|

图4-51　1999年与2003年Queen Square航拍对比图

资料来源：Google Earth

---

❶　资料来源：Queen Square 历史展示牌［图 4-52（a）］。

（a）Queen Square 历史介绍
资料来源：作者自摄

（b）Queen Square 鸟瞰图
资料来源：参考文献[273]

（c）Queen Square 照片
资料来源：参考文献[274]

图4-52　Queen Square相关图片

4.4.3　环路形态：爱丁堡双环式向单环式的转化

爱丁堡是苏格兰首府城市，也是英国历史上少数进行过在新址进行新城建设的城市之一。梳理了其自17世纪进行新城建设至今的发展脉络，对其中心区的核心功能分布、空间结构、交通结构、文脉延续的演化进行了分析，可发现其中心区核心功能的发展重心，经历了由老城中心，到新城中心，再到老城中心的发展轨迹。而随着双中心的扩张与融合，新老中心交界的交通性干道，意外地演化为新的核心商业街，而双中心的双环空间结构也合并成为单环结构，目前爱丁堡城市中心区呈现出三轴平行的空间结构（图4-53～图4-58）。案例展现了中心区历史的传承与变迁，和与之匹配的空间结构演化。

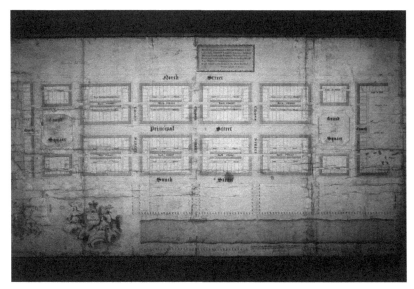

图4-53　1767年爱丁堡新城规划图
资料来源：作者拍摄于爱丁堡博物馆

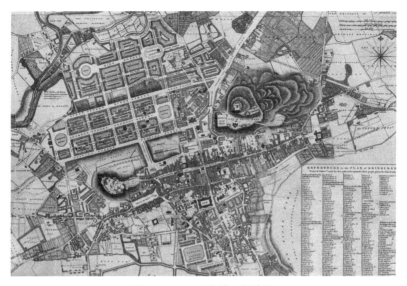

图4-54　1804年爱丁堡地图

资料来源：参考文献[275]

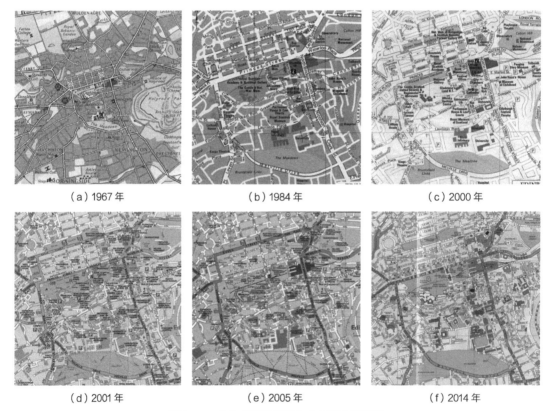

（a）1967年　　　　　　　（b）1984年　　　　　　　（c）2000年

（d）2001年　　　　　　　（e）2005年　　　　　　　（f）2014年

图4-55　各年份爱丁堡城市中心区交通地图

资料来源：参考文献[205, 210, 229, 250, 254, 276]

图4-56　2014年Princes Street鸟瞰照片
资料来源：作者自摄

（a）Princes Street 日常状态　　　　（b）火炬节中的 Princes Street　　　　（c）啤酒节中的 Princes Street

资料来源：作者自摄　　　　　　　资料来源：参考文献[277]　　　　　　资料来源：参考文献[278]

图4-57　爱丁堡城市中心区Princes Street各种使用状态的照片

图4-58　爱丁堡城市中心区鸟瞰及三条轴线位置图
资料来源：作者自摄自绘

4.5 小结

4.5.1 殊途同归

各个城市中心区的更新虽然途径不同，时间长短不同，但其结果相同。它们最终都形成了"以地面步行为核心，公交优先，环路组织交通的圈层人车分流结构"，也就是"英国模式"空间结构。

4.5.2 车行环与核心功能区的协同发展

各种演化模式有一个共同特征，车行环的尺度总是与中心区规模相适应，呈逐步扩大的趋势。逐步扩大式演化途径，车行环随中心区的需要逐步扩大。一步到位式演化途径，虽然车行环的修建是一步到位，但其内部结构并非一步到位，而是形成临时的小车行环，起到过渡作用。远期规划式演化途径，发展过程中形成了四分之一环、半环、四分之三环的"象限式"环路空间的扩张。

4.5.3 改变道路性质的普遍手法

各种演化途径中，尽管结构发生了根本改变，但是拆建量都不是很大。结构的变化很大程度上通过道路性质的调整来实现。从步行核心的形成来看，案例中所有的步行道路原本都是人车混行道路或者车行主干道通过降低道路等级，更改道路性质的方式演化而来。从车行环的形成来看，除了少数专门修建了车行环的城市，提升道路等级是打造车行环的重要手段。从频率上看，在其发展历程中，道路性质的改变十分频繁，几乎每隔几年，都会有道路性质发生改变，并且这种现象越来越明显。这种做法建设量小，更改灵活，在英国城市中心区结构演化的过程中起了重要作用。

4.5.4 适应性比较

三种演化途径有不同的特征，适应不同的更新需求。逐步扩大式建设量最小，见效快，更改最为灵活。但环路形态较为曲折，功能性稍弱。一步到位式见效快，形态较为完善，功能性强。但拆建量大，且尺度固定，无法灵活调整。远期规划式适应性较强，可根据需要灵活控制修建时序，且形态较完善，功能性强，并且将拆建量分散至较长的时间段内，平均每个时间段的拆建量较小，并且可以通过划定远期控制线的方法，留出充足的缓冲时间，但这种方式见效较慢。

第 5 章　建筑街区一体化

　　英国城市中心区的建筑，在进行设计时，把完善中心区步行体系作为重点考虑内容，进行室内外一体的步行体系设计（图 5-1），而不局限于建筑单体范围之内。设计尺度上，突破建筑边界考虑问题，建筑设计时更多地考虑整个步行体系，而非单栋建筑。设计手法上，采用灰空间、开敞空间、室内商业街等手法，将城市步行体系延伸至建筑内部。设计重点上，更多地考虑建筑内步行道沿线，而非建筑外立面，很多商业综合体甚至没有建筑外立面，其通过丰富的内部空间吸引人流。另外，不以建筑边界设置大门，保持步行系统在非营业时间也畅通无阻。这充分体现了建筑单体要服从中心区整体步行体系。

　　这种做法体现出了步行优先的设计思想，并收到了良好的效果。有利于城市中心区整体步行体系的营造，有利于营造丰富的灰空间、开敞空间，有利于将人流吸引至建筑内部，提高了建筑内部的商业价值，有利于对不规则地块的设计与利用，有利于老城中心区、历史城市中心区等产权边界复杂地段的更新与发展。

　　利物浦城市中心区的 Liverpool One、利兹城市中心区的 Trinity Leeds 和加的夫城市中心区的 St.David's Centre，这三个典型建筑案例，及其城市中心区整体步行体系的规划，很好地体现了建筑街区一体化的步行体系规划思路。

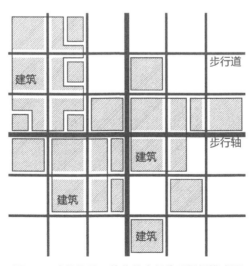

图5-1　建筑街区一体化的步行体系规划模式图

资料来源：作者自绘

5.1 利物浦城市中心区案例

5.1.1 Liverpool One 的更新历程

利物浦城市中心区更新项目（The Paradise Project）是第二次世界大战后重建中欧洲最大的城市中心区更新项目。[279] 项目于 1998 年开始筹划[280]，2004 年开工建设，2008 年建成开放（图 5-2）。更新之后新建的建筑面积 17 万平方米的建筑综合体称为 Liverpool One，是集商业、娱乐、酒店、办公等于一体的综合建筑群（图 5-3）。[281] 该项目由英国的国际建筑及工程公司 BDP（Building Design Partnership）设计[282]，2009 年获英国皇家建筑师学会斯特林建筑奖（RIBA Stirling Prize）提名[283]，成为首个获得该提名的规划项目。[279]

（a）1997 年

（b）2005 年

（c）2015 年

图5-2　历年利物浦城市中心区交通图

资料来源：参考文献 [210, 215, 271]

（a）2000 年

（b）2005 年

（c）2009 年

图5-3　历年Liverpool One航拍图

资料来源：Google Earth

5.1.2 建筑内外一体化的步行体系

Liverpool One 在设计时充分考虑了建筑内部的步行体系与整个城市中心区步行体系的衔接与融合，对整个城市中心区的步行体系及开敞空间起到了良好的促进作用。

（1）弱化建筑外立面，重视内部步行体系

从建筑群整体来看，整个综合体的边界十分复杂，在设计时，并没有根据更新边界设计所谓外立面，而是将注意力集中在内部空间的营造上。从建筑群内的单体建筑来看，整个建筑群由多个单体建筑构成（图 5-5），但其空间组织并不以建筑单体为单位，而是以建筑单体之间的街为单位，将整个综合体划分为 6 个片区（图 5-4）。6 个片区分别为5 条商业街（street）和 1 块绿地（park）。每条街包含街两侧的店面，而很多建筑单体被拆分，从属于其两侧不同的步行街。

（2）超越建筑边界进行步行体系设计

Liverpool One 建筑群内部的步行街，并非自成体系，而是将整个中心区步行体系作为优化对象，建筑群内部的步行街融入并且优化城市中心区整体步行体系。从利物浦城市中心区的地图（图 5-6）可以看出，城市中心区整体步行体系不局限于建筑外部的空间，而是渗透到了建筑边界内部，进行整体设计，建筑内外形成整体，无缝衔接（图 5-7）。Liverpool One 的核心步行道 Paradise Street 与外围步行轴线相呼应，成为城市中心区十字步行轴线的重要组成部分 [图 5-4（a）]；其核心开敞空间 Chavasse Park 位于地块的西南端，与基地外侧的世界遗产 Albert Dock 相呼应[286]；建筑群内的其他步行街也自然成为利物浦城市中心区步行体系的组成部分。除了 Liverpool One 之外，还有一些建筑也采用了类似的处理手法，包括 St. Johns Mall 和 Clayton Square，其内部步行空间也与建筑外步行空间对应，融入城市中心区整体步行体系。

整个城市中心区的所有店铺都直接面向城市中心区步行体系，而不是朝向所谓的建筑内部空间，所有建筑单体的外围都被用作店铺门面，而不是单纯建筑外立面。这种做法不但杜绝了仅有交通功能的步行道，节省了空间，而且所有商铺直接面朝街区及步行街而非建筑内步行道，提升了商铺的可达性，提高了商铺的价值。

（3）巧用地景建筑，提高建筑高层的可达性

建筑群为了提高三层的可达性，营造了地景建筑。地景建筑上层为斜坡式公园，一直通往 Liverpool One 的三层 [图 5-8（c）]，建筑内部及地下为 5 层车库（图 5-11）。建筑三层的北侧，采用楼梯的处理手法 [图 5-8（a）、图 5-8（b）]，与城市中心区步行体系对应，形成了一条从城市中心区内部，跨越建筑 3 层，通往世界遗产 Albert Dock 的弧形步行轴线 [图 5-4（c）]。

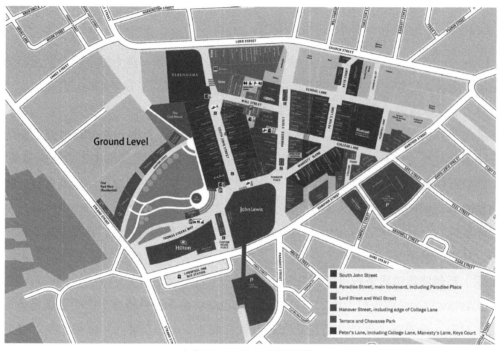

（a）Liverpool One 底层平面图

（b）Liverpool One 中层平面图

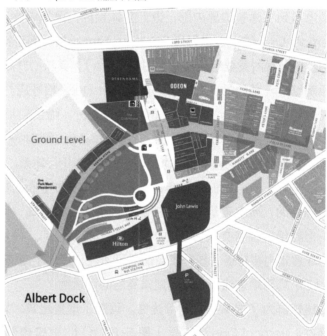

（c）Liverpool One 上层平面图

图5-4　Liverpool One各层平面图

资料来源：根据相关资料[284]绘制

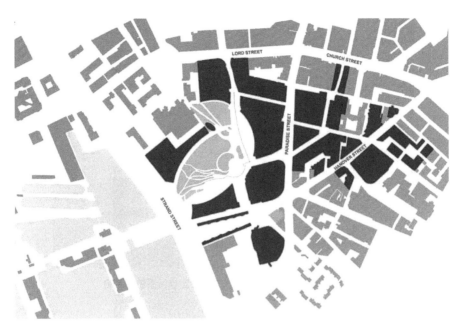

图5-5 Liverpool One建筑单体分布图

资料来源：参考文献[285]

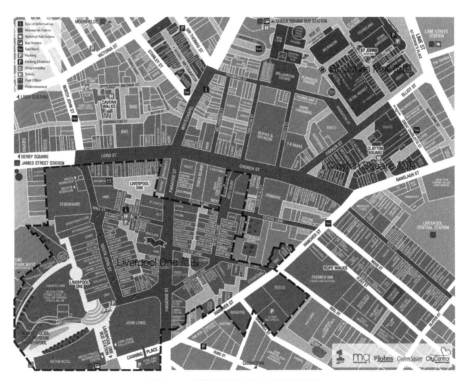

图5-6 利物浦城市中心区步行地图

（图中虚线部分为 Liverpool One 范围）资料来源：作者拍摄

图5-7 Liverpool One与城市中心区步行系统的结合

资料来源：作者自绘

（a）步行街与登顶阶梯的对应关系

（b）可从步行街通往屋顶绿化的阶梯

（c）通往建筑顶层的绿色坡地

（d）屋顶绿地（左）及步行
街灰空间（右）

（e）步行街灰空间

（f）阶梯广场，远处是世界遗产 Albert
Dock，由老码头改造的滨水公共活动区

图5-8 Liverpool One实景照片

资料来源：作者自摄

5.1.3　产权内外一体化的停车空间规划

Liverpool One 建筑群的停车场出入口位于建筑群边界之外，跨产权边界，从城市中心区总体层面整体规划停车空间（图 5-9 ~ 图 5-11）。

Liverpool One 东南侧的 StrandStreet 是 A 级道，具有重要的交通功能，Liverpool One 的地下停车场入口就位于主干道的中间，从主干道上直接进入地下，而非从主干道进入支路，再从支路进入地下。相对于传统的主干道到支路，再到车库的方式，案例中处理方式具有以下优势。第一，对行人而言，车辆从主干道中心进入地下，减少了支路通行，从而减少了车辆对沿街慢行体系的干扰。第二，对车辆而言，从南向北的车辆可以直接

（a）覆土车库出入口鸟瞰
资料来源：Google Earth 加作者标注

（b）覆土车库出入口照片
资料来源：作者自摄

图5-9　Liverpool One覆土车库出入口图

图5-10　Liverpool One立面图
资料来源：参考文献 [287]

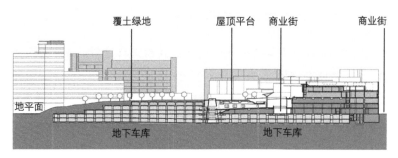

图5-11 Liverpool One剖面图

资料来源：参考文献[287] 加作者标注

进入车库，而不用与从北向南的车辆冲突（英国车辆为靠左行驶）。

为了实现这种停车场入口的布局方式，将停车场入口设置在道路范围内，打破了产权边界，跨越至建筑群范围之外，体现了跨越产权边界、中心区整体考虑的规划管理思路。

5.2 利兹城市中心区案例

5.2.1 Trinity Leeds 的更新历程

Trinity Leeds 是利兹城市中心区规模最大的商业中心，以与其紧邻的 18 世纪的 Holy Trinity Church 命名。[288]

项目的构思起始于 2000 年左右，旨在振兴利兹城市中心区商业。但由于地段中两大业主❶在规划方面的矛盾，项目一直被推迟。直到 2005 年，Trinity and Burton Arcades 易主，且利兹市议会下达了强制征收令（a Compulsory purchase order），项目才得以继续推进。该项目于 2008 年拆迁完毕，受国际金融危机影响而推迟，2011 年起修建，2012 年底竣工，2013 年开始营业。创造了 9.3 万平方米的商业面积和 3000 多个工作岗位（图 5-12、图 5-13）。[288]

Trinity Leeds 由国际建筑事务所 Chapman Taylor 设计，获得了各类奖项 11 项[289]，包括 2015 年国际购物中心协会（International Council of Shopping Centres）王中王奖（Best-of-the-Best Awards）的设计与开发奖（Design and Development Award）。

---

❶ Trinity and Burton Arcades 两大商业中心的业主 Universities Superannuation Scheme（USS）和 Leeds Shopping Plaza 的业主 Topps Estates。他们互为竞争对手，提出了不同的规划更新方案。

（a）2006 年 　　　　　　　　（b）2009 年 　　　　　　　　（c）2016 年

图5-12　历年Trinity Leeds航拍图

资料来源：Google Earth

（a）1997 年 　　　　　　　　（b）2005 年 　　　　　　　　（c）2015 年

图5-13　历年利兹城市中心区交通图

资料来源：参考文献[210, 215, 271]

5.2.2　建筑内外一体化的步行体系

Trinity Leeds 在设计时充分考虑了建筑内部的步行体系与整个城市中心区步行体系的衔接与融合，对整个城市中心区的步行体系及开敞空间起到了良好的促进作用。

（1）弱化建筑外立面，重视内部空间营造

Trinity Leeds 项目边界复杂，并且周边有多处保留建筑，阻挡了传统意义上的建筑沿街面。而 Trinity Leeds 在设计时，并不强调外立面的营造，而是着重塑造内部空间，刻画内部步行街道，将内部步行街道创造成为新的沿街面。

（2）建筑内外步行体系一体化，步行空间无缝衔接

Trinity Leeds 商业中心没有传统意义的建筑大门，建筑内外自然过渡，并且全坡道处理，没有任何台阶［图 5-16（b）］，建筑内外的步行体系连成一体。建筑内的步行体系与中心区整体步行体系相对应，成为整体步行体系的重要组成部分，内部核心空间也自然成为中心区的重要公共空间（图 5-14 ~ 图 5-16）。

（a）Trinity Leeds 底层平面图

（b）Trinity Leeds 中层平面图

（c）Trinity Leeds 上层平面图

图5-14　Trinity Leeds各层平面图

资料来源：参考文献[290]

（a）内部核心灰空间

（b）步行街交汇空间

图5-15　Trinity Leeds内部核心空间照片

资料来源：作者自摄

（a）街巷式步行空间

（b）室内外过渡

（c）从内部看室外

图5-16　Trinity Leeds内部街巷空间照片

资料来源：作者自摄

（3）利用建筑化解高差，创造两层地面层

Trinity Leeds 现状地形北高南低，从南侧进入商场，到达商场的底层，而从北侧进入商场，进入商场中层。地面层是最宝贵的商业层面，这种做法使得商场底层和中层都是地面层，提高了商业空间的价值。同时，商场内部西侧的步行道是北高南低的坡道，与地形相符，满足了行人平面通行的需求。

5.2.3 平面直通连续的步行网络

利兹城市中心区有多处建筑采用了建筑内外一体化的规划手法，包括 Central Arcade、Victoria Quarter、Queen Arcades、The Core、The Light、St.John's Centre、Merrion Centre 等众多建筑（图 5-17、图 5-18）。这些建筑在设计时，都从城市中心区整体步行体系的全局出发，促进并构成了利兹城市中心区具有直通性、平面性、连续性的步行体系。其城市中心区的地图中，并不区分建筑内外，而是将建筑内外的步行体系平等对待，描绘出城市中心区的整体步行体系，体现了建筑街区一体化的步行体系规划思想。

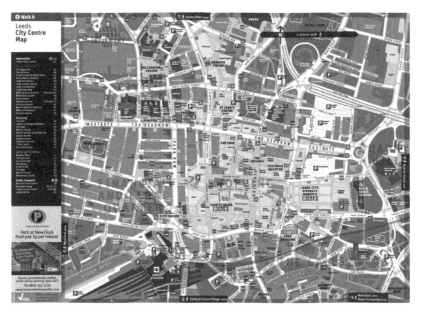

图5-17 利兹城市中心区步行地图

资料来源：作者拍摄

（1）直通性

一方面，步行道线形多为直线，符合行人步行的欲望线（图 5-18、图 5-19）。建筑内的步行道与城市步行体系相互对齐，大量地采用灰空间内部步行街的空间处理手法 [图 5-19（d）、（e）、（f）]。

（a）利兹城市中心区鸟瞰图

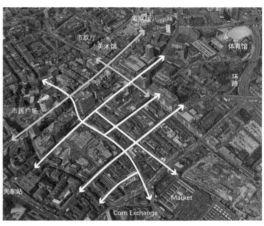

（b）利兹城市中心区建筑外的露天步行体系

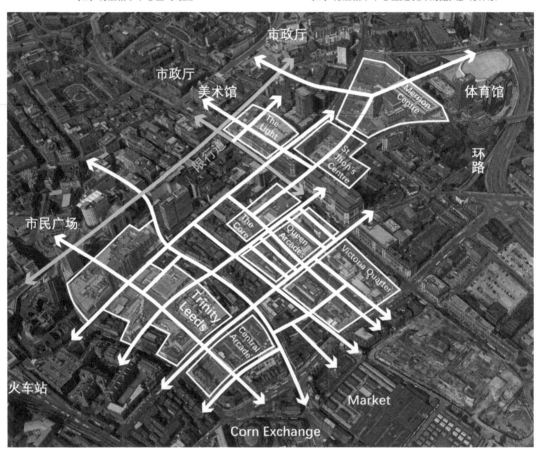

（c）利兹城市中心区包含建筑内步行空间的总体步行体系

图5-18　利兹城市中心区建筑与街区步行体系一体化结构图

资料来源：作者自绘

另一方面，建筑边界弱化，整个步行体系连为一体 [图 5-19（g）、（i）]，使得行人可以直线行走无障碍地穿过室内外空间。

（2）平面性

一方面，采用坡道处理高差，尽量减少台阶，建筑内外无高差处理，方便行人步行[图 5-19（g）、（i）]。

另一方面，将城市土地资源中最宝贵的地面资源优先用于发展步行，车辆下地或者绕行，并通过多种手法，使人便捷地到达二层、三层，提升二层和三层的商业价值。

（3）连续性

整个中心区步行体系连成整体，在东西向 800 多米，南北向 600 多米的范围内，禁止汽车穿行，仅保留若干限行道，供公交车通行，保证了步行体系的连续性与安全性。

（a）露天步行街 King Edward

（b）露天步行街 Briggate

（c）街头的步行地图

（d）传统式灰空间步行街

（e）现代式灰空间步行街

（f）新旧式结合灰空间步行街

（g）建筑内外齐平无高差

（h）建筑空中连廊

（i）坡道式出入口无台阶

图5-19　利兹城市中心区建筑内外步行街实景照片

资料来源：作者自摄

5.3 加的夫城市中心区案例

5.3.1 St. David's Centre 的更新历程

St. David's Centre 修建的时间跨度较长。St. David's Centre 一期于 1981 年开放，四面各有一个出入口。[291]1994 年开业的 Queens Arcade 位于西北侧[292]，与 St. David's Centre 一期无缝连接，其内部步行体系也连成一体。2009 年，St. David's Centre 二期建成[291]，时隔 28 年，建筑再次扩大，建筑面积达 13 万平方米（图 5-20、图 5-21）。[293]

（a）1945 年加的夫城市中心区航拍图　（b）2006 年加的夫城市中心区航拍图　（c）2010 年加的夫城市中心区航拍图
　　　　　　　　　　　　　　　　　 及 St. David's Centre 一期位置　　　 及 St. David's Centre 二期位置

图5-20　历年加的夫城市中心区航拍图及St. David's Centre位置

资料来源：Google Earth

（a）1985 年　　　　　　　　　（b）2006 年　　　　　　　　　（c）2014 年

图5-21　历年加的夫城市中心区交通图

资料来源：参考文献[229, 252, 294]

5.3.2 建筑内外一体化的步行体系

加的夫 St. David's Centre 和 Queens Arcade 在设计时充分考虑了建筑内部的步行体系与整个城市中心区步行体系的衔接与融合，对整个城市中心区的步行体系及开敞空间起到了良好的促进作用。

（1）跨建筑的步行体系一体化

尽管 St. David's Centre 的建造时间跨越了近 30 年，但其内部的步行体系是延续的。从北端的 Queens Arcade，到中段的 St. David's Centre 一期，再到南端的 St. David's Centre 二期，形成了一条连续顺畅的步行廊道（图 5-23），总长度达 500 米以上（图 5-22、图 5-24）。三个建筑内部形成了一纵多横的步行体系结构，是对城市中心区总体步行体系的补充与完善，行程了网络化的城市中心区总体步行体系（图 5-24）。其中，Queens Arcade 和 St. David's Centre 并非同一家商场，它们之间却没有大门或任何其他形式的隔断，而是无缝相连，人在其中行走很难感知二者之间的界限。

（a）加的夫 St. David's Centre 与 Queens Arcade 及周边一层平面图 （b）加的夫 St. David's Centre 与 Queens Arcade 及周边二层平面图

图5-22 加的夫 St. David's Centre与Queens Arcade及周边拼合平面图

资料来源：根据相关资料 [295, 296] 绘制

（2）步行街界面的一贯保持

商场北侧的 Queen Street 步行街和西侧的步行街 Working Street，沿街界面都十分整齐，而沿街的部分建筑已有上百年的历史。可见历年来，建筑设计过程中都更加关注城市尺度上沿街界面的营造，而非单体建筑立面。图 5-22 中，各建筑的沿街界面和内部步行道界面十分平整，而建筑非沿街界面却十分曲折，充分体现了建筑设计超越建筑自身考虑问题，将建筑本身看作城市整体的一个拼图，借局部建筑的更新，实现对城市宏观空间的优化。

（a）St. David's Centre 外部空间　（b）St. David's Centre 内部空间 1　（c）St. David's Centre 内部空间 2　（d）St. David's Centre 内部空间 3

图5-23　St. David's Centre实景照片

资料来源：作者自摄

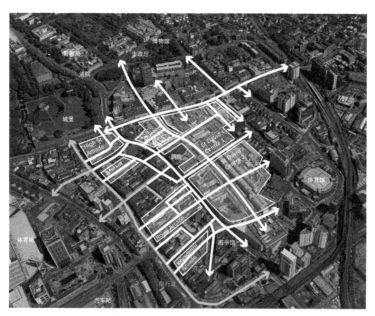

图5-24　加的夫城市中心区建筑与街区步行体系一体化结构图

资料来源：作者自绘

5.3.3　拱廊之城

St. David's Centre 在设计时，不仅在步行体系的结构上，在沿街界面的营造上与周边保持一致。甚至其步行空间的整体风格也与城市中心区整体保持一致，打造出一个"拱廊之城"（A city of arcades）的城市中心区。

加的夫城市中心区商业步行道以拱廊（Arcade）形式为主，独具特色。在 Working Street 以西，是历史悠久的拱廊密集分布区，包含 High Street Arcade、Royal Arcade、Wyndham Arcade 等各年代的拱廊多条（图 5-26）。St. David's Centre 在进行内部空间营造时，延续了拱廊的城市中心区总体空间风格（图 5-25），将自身空间也设计成为现代风格的拱廊，在拱廊的空间肌理上，也与城市总体相融合。

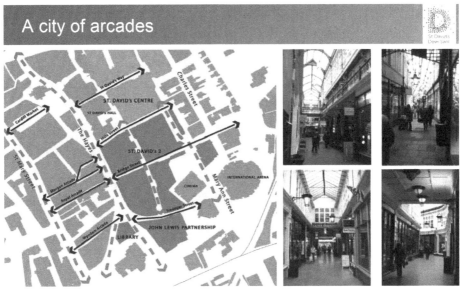

图5-25　St. David's Centre设计思路图

资料来源：参考文献[205]

图5-26　加的夫城市中心区传统拱廊商业街内部空间

资料来源：作者自摄

109

总体上，St. David's Centre 在设计时，不重视自身个性，而是从城市中心区全局考虑，在城市中心区步行体系、步行街沿街界面营造、拱廊之城的城市中心区商业空间特征三方面，充分与城市整体融合，将自身当作一块拼图，嵌入城市中心区整体步行体系当中，优化了城市中心区整体步行体系。

5.4　小结

英国城市中心区建筑街区一体化的步行体系规划思路，跨越建筑边界和产权边界规划城市中心区整体步行体系，营造出具有平整性、顺畅性、连续性的城市中心区步行体系。

5.4.1　步行体系打破产权边界

在城市规划或建筑设计中，把建筑当作城市的一块拼图，服务于构建城市中心区整体步行体系。突破建筑边界和产权边界，全局考虑；采用灰空间等手法，室内外步行体系自然过渡，连为整体；更多地考虑步行流线，而非建筑立面。

5.4.2　步行体系的平整性原则

"地面层"是城市土地资源中最宝贵的部分，英国城市中心区步行体系以实现"平面直通"为目标，优先占据地面层。平面直通指步行道在标高上享有优先权，在与车行交通立交时，步行道平面通过，而车行道从下方"绕行"。在处理必要的高差时，采用大缓坡的处理方式，而非台阶或陡坡，达到"最平整"的效果。这超出了传统的"无障碍"要求，更加便捷、舒适，充分体现了步行在立体标高上享有充分的优先权。

5.4.3　步行体系的顺畅性原则

顺畅性原则指步行轴线尽量笔直，在遇到障碍时，步行穿过障碍而非绕行，达到在平面上笔直或顺畅的效果，使得实际线路符合人的"期望线"（Desire Line）。

5.4.4　步行体系的连续性原则

以安全和舒适为原则，采用多种手段避免车行道对步行道的干扰。步行轴线连续无间断，没有车行道穿过，行人可连续行走不经过任何与车行的交叉口，安全性舒适性得到了保障。在一般车行交叉口的处理上，采用路口处车行道收窄的设计手法，迫使机动车减速，同时缩短行人过街距离，提升步行体系的安全性与舒适性。

第6章　细部空间优化
——以伦敦 Oxford Circus 为例

以 Oxford Circus 为例，介绍步行优先的细部空间优化手段，并展示在现状复杂的老城中心区，细致入微的设计同样可以为城市中心区步行体系带来大的改进。

Oxford Circus 是伦敦的商业中心，它的细部空间更新改造体现出了步行优先的指导思想。城市中心区的道路交叉口往往是步行与车行矛盾较为突出的地方。Oxford Circus 即为重要商业街和公交道路 Oxford Street 与主干道 Regent Street 的交叉口，同时也是通往伦敦西部商业休闲区的门户地区，还是一个重要的公交、地铁换乘点。高峰时段每小时行人通过量超过 40000 人，车行通过量超过 2000 辆，交通矛盾十分突出。

2009 年，Oxford Circus 进行了更新改造。改造以步行优先为指导思想，针对细部空间进行调整与优化，收到了良好的效果。它增加了步行面积，优化了步行流线，保障了行人安全，重塑了步行景观，改善了公交体系，限制了汽车通行。同时，它应用了 X 形人行横道，缩短了过街距离，提高了空间利用率。

6.1　案例概况

6.1.1　区位

Oxford Circus 位于伦敦西区核心位置（图 6-1)，被称为世界上最著名的十字路口路，连接着伦敦最著名的两条商业零售街道 Oxford Street 和 Regent Street（图 6-2）。其中，东西向的 Oxford Street 是限行道，周一至周六早 7：00 至晚 7：00，只允许公交车和出租车通行；Regent Street 是东西 2000 米距离之内唯一一条南北向 A 级道，东侧最近的主干道 Charing Cross Road 距其 800 米，西侧最近的快速路 Park Line 距其 1200 米。

6.1.2　概况

自 19 世纪初以来，这里一直是主要的零售和娱乐中心之一，同时具有世界顶级吸引力和独特性的商业中心和景点（图 6-3）。在大部分时间里，地段中最多的是行人，尤其是在周末。在工作日高峰时段，行人占所有通过该路口人的 64%，公交占 32%，而私家车、出租车、摩托车和自行车的人分别只占 1% 左右（图 6-4）。

（a）Oxford Circus 在伦敦的位置　　　　　（b）Oxford Circus 在伦敦中心区的位置

图6-1　Oxford Circus区位图

资料来源：作者自绘

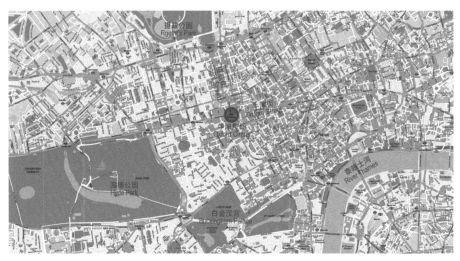

图6-2　Oxford Circus与周边主要地标的位置关系图

资料来源：作者自绘

（a）1928 年 Oxford Circus 照片　　　　　（b）1960 年代 Oxford Circus 照片

　　资料来源：参考文献[297]　　　　　　　　　资料来源：参考文献[298]

图6-3　Oxford Circus昔日繁忙景象

资料来源：Collection of London Transport Museum

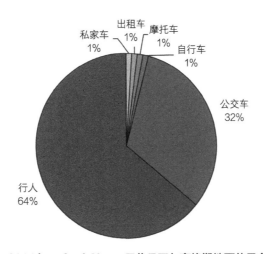

图6-4 2006年Oxford Circus工作日下午高峰期地面使用率分布图

资料来源：参考文献 [299, 300]

6.2 主要问题

然而，世界顶级的商贸中心也有相应的问题，包括拥挤的街道、车辆和行人的冲突，及不堪重负的环境。

6.2.1 步行空间总量不足

作为世界顶级商贸中心，Oxford Circus 地区人流量巨大，导致人行道拥堵不堪（图 6-5）。Oxford Circus 是全伦敦人流最密集的地方，在最繁忙的时候，每小时有超过 40000 人通过此处，其中包括那些进入伦敦地铁站的人，即使是日常情况，每小时也有 5500 到 11000 人繁忙地穿过此处。大量的行人、拥挤的街道、混乱的空间成为牛津广场的日常景象。

图6-5 Oxford Circus现状问题照片：步行空间总量不足

资料来源：参考文献 [299, 301]

6.2.2　行人安全难以保障

由于靠近繁忙的道路，过街与行走都与道路产生冲突，行人的安全无法得到保障（图6-6）。一方面，由于人流量太大，过街的行人无法在绿灯时间内通过人行横道；另一方面，由于车行拥堵，汽车常被堵在人行道上，阻挡了过街的行人。这导致了行人与机动车的相互干扰，行人的安全难以得到保障。

图6-6　Oxford Circus现状问题照片：行人安全难以保障

资料来源：参考文献[301]

6.2.3　步行流线不够便捷

现状过街通道不够便捷，与步行的欲望线不符，这导致翻越栏杆直接过街的情况经常发生（图6-7）。走近路是人的本能，在经过交叉口时，行人自然希望走直线，而路口却被栏杆挡住，行人被迫绕远。这降低了步行的流畅度，降低了步行品质，甚至栏杆也无法阻挡一些行人走直线的欲望，翻越栏杆的情况时有发生，行人的安全也无法保障。

（a）行人在车行道上穿行　　　　　　　　　（b）行人翻越栏杆选择走直线

图6-7　Oxford Circus现状问题照片：步行流线不够便捷

资料来源：参考文献[301]

6.2.4 行人之间相互干扰

现状行人流线不够合理，行人之间存在相互干扰（图6-8）。第一，等待过街的行人常挡住沿街行走行人的前进路线，造成拥堵。第二，等待过街的行人与出入地铁的行人之间存在流线冲突。第三，等待过街的行人还会挡住已经过街行人的道路。三者都与等待过街的行人有关，可见行人过街等待区的流线存在问题。

（a）等待过街的行人与沿街行走的 行人之间有矛盾　　（b）过街的行人与进出地铁的 行人之间有矛盾　　（c）完成过街的行人与等待过街的 行人之间有矛盾

图6-8　Oxford Circus现状问题照片：行人之间相互干扰

资料来源：参考文献[301]

6.2.5 城市家具占用空间

沿人行道布置的城市家具占用了宝贵的步行空间，加剧了步行的拥堵，降低了步行品质（图6-9）。安保亭、信箱、垃圾箱等设施，没有合理规划，占用了人行道的空间。而人行道与车行道之间的栏杆，也占用了空间，尤其是转角处的石质栏杆，占用了较多的空间，并且阻挡了行人的欲望线。

图6-9　Oxford Circus现状问题照片：城市家具占用空间

资料来源：参考文献[301]

6.2.6 步行环境品质不高

总体来说，现状步行环境品质不高，人行道景观凌乱，步行空间拥挤不堪，步行流线不合理，基本的步行功能难以保障，甚至行人安全都存在危险。这阻碍了本地段的交通通行，影响了沿街商业的发展，未能满足中心区内部沟通的需要，与本地段"世界级"商业中心的定位严重不符。

6.3 改造策略

6.3.1 ORB 行动规划

ORB 行动规划（Oxford Regent Bond St. Action Plan）致力于改善伦敦商贸中心区的空间环境，改善范围为 Oxford Street、Regent Street 和 Bond Street 为主的商贸中心核心地段（图 6-10，表 6-1）。改造内容没有对现状建筑进行任何改动，也未对城市空间结构进行大的调整，而是聚焦在细部城市空间，通过空间的微调和梳理，用最小的改动来达到优化步行空间的目的（图 6-11、图 6-12）。改造的内容包含以改善步行环境、改善公交体系、地面材质升级、地面车辆限制、公共厕所设置、安全品质提升等几个部分。[302]

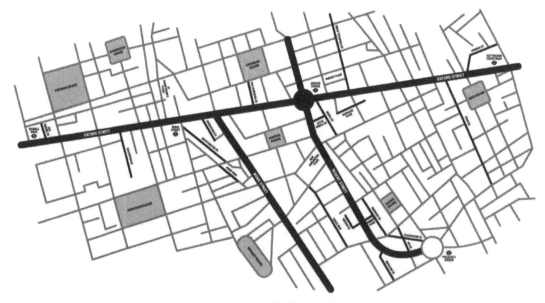

图6-10 ORB规划的改造范围

资料来源：参考文献 [303]

ORB 行动规划的更新目标表　　　　　　　　　　　　表 6-1

改造目标	具体内涵
最伟大的购物体验（THE GREATEST SHOPPING EXPERIENCE）	关注于高品质的购物体验
	充分发挥各地段发挥不充分的潜力
自由的行走体验（THE FREEDOM TO MOVE）	行人自由行走
	解决交通拥堵问题
	提供更多的出租车点
重塑空间景观（AT FIRST SIGHT）	转换街道空间形式
	清理不良景观
一个放松的场所（A PLACE TO UNWIND）	创造标志性的公共空间
	改善现有公共空间
高品质的空间（A SPECIAL QUALITY）	将本地区的更新打造成为可持续发展的典范
	促进安全与治安
面向大众的街道（EVERYONE'S STREETS）	保证这些街道欢迎并服务于所有伦敦市民及访客
	保证这些街道服务于所有人群，包括老人、家庭和残疾人
	以有利于临近居民生活与交往的方式来处理这个地段
向世界宣传（LETTING PEOPLE KNOW）	鼓励大家共同了解并参与"伦敦西区"（London's West End），吸引大家到来

资料来源：作者根据相关资料 [303] 整理

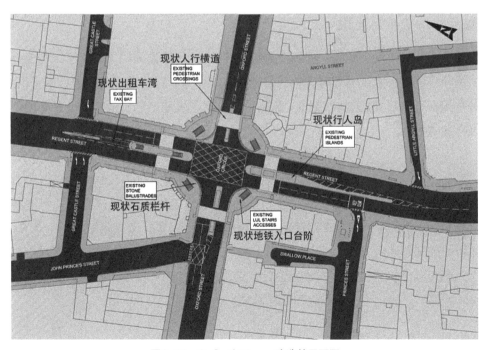

图6-11　Oxford Circus改造前平面图

资料来源：参考文献 [300]

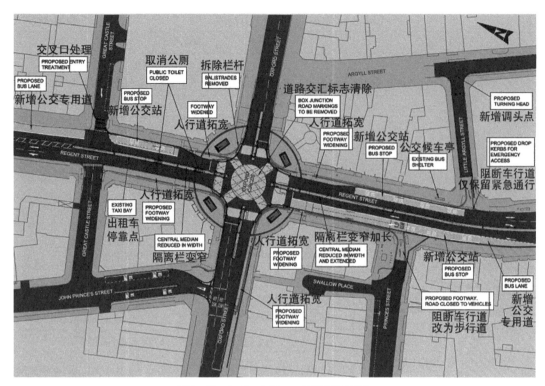

图6-12 Oxford Circus改造后平面图

资料来源：参考文献 [300]

6.3.2 增加步行面积

规划后步行环境大大改善，提供比原来多 63% 的行人道面积，缓解了人行道的拥挤程度。拆除路上的各类杂物和障碍物，如栏杆、灯杆等，以创造更多的人行道可用空间，这部分空间提升占提升总量的 69%。此外，还收窄了机动车道，拆除了公共厕所，用于拓宽人行道的需要。

6.3.3 优化步行流线

在主街和临近街道都做出了有关步行的相关改进。若干支路做了优化，与主要车行道 Regent Street 相连的两个支路口的车行功能被废除，车行道被阻断，一个与 Regent Street 和一个与 Oxford Street 相连的路口进行了收窄处理，对人行道的干扰减小，步行连贯性大幅提高。行人过街方式重新设计，路边的石栏杆被拆除，行人可以更便捷地穿过马路。另外，还优化了指路设施和信号设施。

6.3.4 保护行人安全

与步行道相交的支路被减少，相交的车行速度被减慢，过街人行道的距离被缩短，这使得行人的安全性得到提高。同时，通过改善照明设施和增加监控设施的方式来提升安全品质。

6.3.5 重塑步行景观

在空间上，步行空间化零为整，连贯性和整体性增强；在材质上，地面材质重新铺设，改变原有零散的地面，采用花岗石重新铺设，整体升级；在造型上，设计了同心圆图案，与周边建筑相呼应，并采用了 X 形造型，与地铁站出入口相呼应。整体景观的美观性与整体性大福提升。

6.3.6 改善公交体系

在南北向主干道 Regent Street 增加新的公交专用道。在原本紧张的车行空间里，开辟出专门的车道供公交车行驶，保障公交的权益。调整公交站的位置，增减不同线路的公交站，优化整体交通。优化之后的步行流线缓解了地铁站出入口的拥堵情况，提升了地铁的舒适度。

6.3.7 限制汽车通行

在空间上，压缩机动车行驶空间，收窄车行道的宽度，减少车行道数量，封闭车行道路口，以限制车行，同时减小机动车转弯半径，从而降低机动车行驶的速度，以保护行人的安全。在管理上，对少部分街道的通行限制做出修订，包括路边临时停靠点的变化和一些支路及出入口的调整。以达到减少车行、保护步行的目的。

6.4 X 形人行横道的应用

6.4.1 X 形人行横道

X 形人行横道是一种步行优先的行人过街形式，这种形式使本路口所有方向的车都停止一段时间，这段时间内，行人可以任意穿行马路，包括斜向穿行。这种行人过街体系在各国名称不同，常见的有 "scramble crossings"、"pedestrian scramble"、"scramble intersection"（加拿大）、"'X' Crossing"（英国）、"diagonal crossing"（美国），甚至被有趣地称为 "Barnes Dance"。[304] 本书将这种过街形式称为 X 形人行横道。

这种行人过街形式最早于 1940 年代在美国和加拿大使用。[305, 306] 在伦敦 Oxford Circus 改造为 X 形人行道形式前，最著名的应该是位于日本东京的涩谷火车站站前路口（图 6-13）。每天通过该路口的行人超过 250000 人次。[300]Oxford Circus 的改造借鉴了日本的经验（图 6-14）。[307, 308]

资料来源: 参考文献[309]　　　　　　　　　　　　　资料来源: 参考文献[310]

图6-13　东京涩谷火车站站前广场人行横道

X形人行横道的优势在于促进和体现步行优先。相对于传统直角过街形式,这种路口形式专为行人设计,体现了步行优先的思想,在人流量大的地区,这种设计尤为有利。一是可以减小步行距离。相对于传统直角过街形式,这种过街路口中,行人的步行距离更短,便于行人的快速通行。二是可以提高安全性。在这种过街形式中,行人和车辆使用道路的时间被清晰地区分开,行人通过更加安全。

X形人行横道的劣势在于延误车辆行驶。由于行人与汽车同行时间的彻底分离,使得在行人通行时,汽车处于全停状态,在一定程度上延误了车辆通行。行人无法及时清空车行道:在行人通行时间结束后,经常有行人无法及时离开人行道,使得应该车辆行驶的时间进一步缩短。人行道与车行道之间的边界变得模糊。由于没有栏杆保护,行人在转角处等待过街的时候,面临被转弯车辆擦碰的风险。

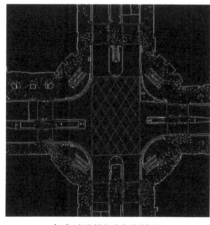
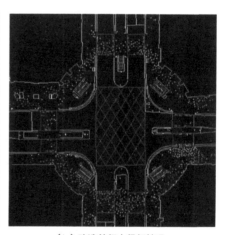

（a）改造前行人红灯情况　　　　　　　　（b）改造前行人绿灯情况

图6-14　伦敦Oxford Circus改造前后行人分布对比图（一）

资料来源: 参考文献[311]

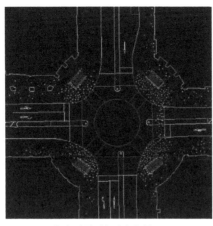 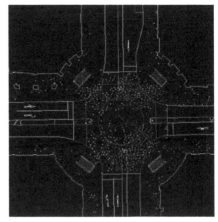

（c）改造后行人红灯情况　　　　　　　（d）改造后行人绿灯情况

图6-14　伦敦Oxford Circus改造前后行人分布对比图（二）

资料来源：参考文献[311]

6.4.2　步行流线优化

Oxford Circus 在采用了 X 形人行横道后，人行流线的矛盾得到了解决（图 6-15）。改造前，等待过街的行人挡住了沿街行走的行人；改造后，行人的过街等待区域由 8 个减少为 4 个，并且移至了较为宽敞的转角处，同时，优化后的行人等待区域面积增大，这避免了等待过街的行人对步行流线的阻碍，使得步行流线更加合理。

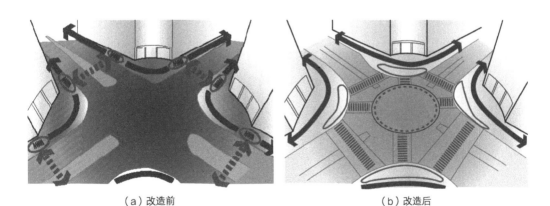

（a）改造前　　　　　　　　　　　　（b）改造后

图6-15　伦敦Oxford Circus改造前后步行与逗留空间对比图

资料来源：《Oxford Circus Diagonal Crossing Design》，ATKINS

6.4.3　过街距离缩短

Oxford Circus 在采用了 X 形人行横道后，行人过街的距离大幅缩短（图 6-16）。改造前，直行的行人过街时需要绕行，去对角处的行人需要绕行两次，这与人行的欲望线不符。同时，较长的流线意味着空间利用效率低，人被迫走更长的距离，加重了步行空间的负担。改造后，直行的行人和去对角的行人过街都仅需直接走直线，与步行的欲望线相符。这大大缩短了过街的距离，使得行人违规的意愿降低，同时节省了设置栏杆所占用的空间。

（a）改造前　　　　　　　　　（b）改造后

图6-16　伦敦Oxford Circus改造前后步行流线对比图

资料来源:《Oxford Circus Diagonal Crossing Design》，ATKINS

6.4.4　空间利用率高

Oxford Circus 在采用了 X 形人行横道后，空间利用率提高。改造前，B 处空间拥堵严重，而 A 处空间却遭到闲置，这是对宝贵空间的浪费［图 6-17（a）］。改造后，空间 A 被有效利用起来，作为过街等待区域；B 空间的压力大大降低，空间没有浪费，并且 A、B 空间动静分区，互不干扰［图 6-17（b）］。而且，改造后行人过街时，整个路口空间都可以利用，而不局限于 4 个人行横道。空间得到了更加合理充分的利用，闲置情况消失。

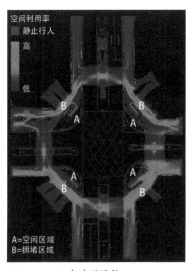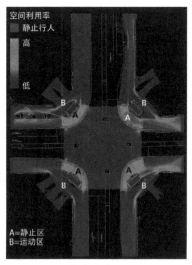

（a）改造前　　　　　　　　　（b）改造后

图6-17　改造前后空间利用率对比图

资料来源:根据相关资料 [300] 加标注

6.4.5 步行更加安全

Oxford Circus 在采用了 X 形人行横道后，行人更加安全。改造前，行人的安全度较低，过街的行人与车行之间有矛盾，并且由于过街形式不合理，常有翻越栏杆的行人。改造后，行人过街的时间与汽车行驶时间彻底分开，行人各个方向同时过街，此时车行完全停止，两者之间干扰降低，杜绝了原来各个过街通道和车流相互影响的情况。同时，由于行人等待区域变大，过街时也不再局限于 4 个人行横道，空间大大增加，步行过街的效率大大增加，行人拥堵的情况减小，减小了行人在车行道滞留的情况。并且，更合理的流线也使得违规过马路的行人减少，行人的安全性得到提升。

6.5 小结

改造结果达到了设计的预期，也卓有成效[312]：人行道重新设计、重新铺设，人行道宽度增加了 60% 左右，面积增加了近 70%，使得人行拥堵的现象大大减少。人行道与机动车道之间的栏杆被取消，人行流线得到优化，而改造后的使用率也非常高，据 BBC 统计，该路口改造后第一年已经被行人使用过 9000 万次。[313] 交通信号灯重新设计，各个方向的汽车同时停止 30 秒，行人的安全性和舒适性大大提高。在步行面积增加的基础上，在 Regent Street 向南行驶的方向上，新增了公交专用道路，提高了公交车的可达性和准点率。

可以看出，在步行交通与车行交通之间，伦敦 Oxford Circus 做出了牺牲私家车行的效率，促进地面步行和公共交通的选择。Oxford Circus 的改造实践充分体现了步行优先的指导思想，并收到了良好的效果（图 6-18，图 6-19）。

图6-18 Oxford Circus改造之前全景照片

资料来源：参考文献[314]

图6-19 Oxford Circus改造之后全景照片

资料来源：参考文献 [315]

6.5.1 步行优先的空间分配

Oxford Circus 的改造体现了步行在城市中心区的空间分配中，占据优先地位。从与车行对比的角度，该路口目前是重要的交通要道，东西向的 Oxford Street 是重要的公交道路，南北向的 Regent Street 是重要的 A 级道但是在改造中，车行道面积被缩减，车道被减少，转弯半径被减小，车行出入口被封闭，而步行的面积被增加，步行流线被优化，体现了在城市中心区步行拥有更优先的空间分配权。从立体空间角度，该路口地下为地铁入口大厅（图 6-20），四个转交都有楼梯与地下大厅相连，三条地铁线路在此交汇，地下步行体系发达（图 6-21）。但在改造过程中，并没有因为有充足的地下空间，就在地面层封堵行人，强迫行人到地下行走，而是大力拓展地面步行空间，这体现了在城市中心区，将土地资源中最宝贵的地面层优先分配给步行的理念和做法。

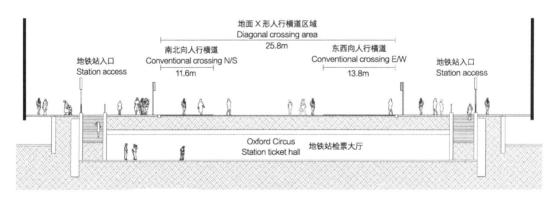

图6-20 Oxford Circus剖面图

资料来源：参考文献 [316]

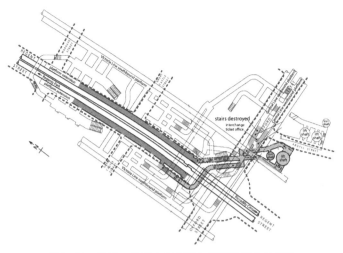

图6-21 地铁、地下步行系统与路面的对应关系图

资料来源: 作者根据相关资料[317]改绘

6.5.2 公交体系的支撑作用

Oxford Circus 的改造,在限制了机动车交通的同时,保障和发展了公共交通体系,将公共交通作为城市中心区对外交通的重要支撑。从地面公交角度,Oxford Circus 地区经过或出发的公交线路多达 20 条 [图 6-22(a)],即使是夜间,也有 13 条 [图 6-22(b)]。从地铁角度,Oxford Circus 地铁站有 3 条地铁通过,便捷地接入伦敦发达的地铁网络(图 6-23),而地铁线路图站点之间标注了步行的步数(图 6-24),也体现出鼓励步行的理念。发达的公共交通,是在城市中心区发展步行、限制车行的有力支撑。

（a）2014 年 Oxford Circus 日间对外公交线路　　　　（b）2014 年 Oxford Circus 夜间对外公交线路

资料来源: 参考文献[318]　　　　　　　　　　　资料来源: 参考文献[319]

图6-22 Oxford Circus对外公交线路图

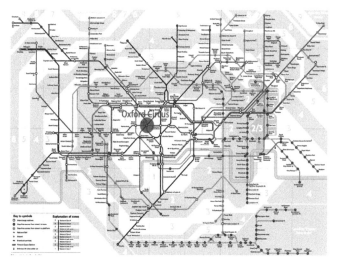

图6-23　2017年伦敦地铁线路图

资料来源：参考文献[320]

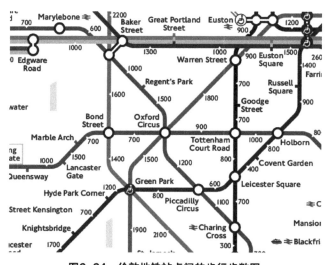

图6-24　伦敦地铁站点间的步行步数图

资料来源：参考文献[321]

6.5.3　细致入微的设计深度

Oxford Circus 的改造细致入微（表6-2）。它没有对建筑做出任何改动，而是聚焦于细部空间，针对步行拥堵的问题，将零散的空间汇集起来解决大问题。它细到栏杆的空间、隔离带的空间、报亭、灯杆、垃圾箱的空间，最大也不过占用车行道的部分空间，却达到了人行道拓宽 60%、面积增大 70% 的神奇效果，整个步行体系也有了大的改观，步行流线、空间利用率、行人的安全、城市景观都有了大幅提高。这体现出即使在现状复杂老城的城市中心区内部，细致入微的深度设计，也有可能起到大的作用。

参与 ORB 项目的主要单位及分工表　　　　　　　表 6-2

分工	单位名称	单位英文名称
ORB项目管理	伦敦交通管理部门	Transport for London
ORB项目管理	威斯敏斯特区政府	Westminster City Council
ORB项目工程师	伦敦交通管理部门	Transport for London
ORB项目助理	伦敦交通管理部门	Transport for London
项目经理	阿特金斯	Atkins
可行性分析	阿特金斯	Atkins
伦敦地铁牛津广场站管理	伦敦交通管理——伦敦地铁	Transport for London-LU
项目进度管理	威斯敏斯特区政府	Westminster City Council
施工单位	新西区公私	New West End Company
交通管理	伦敦交通管理部门	Transport for London
开发管理	英国皇家财产局	The Crown Estate
参与方组织	伦敦交通管理部门	Transport for London
城市交通监督	威斯敏斯特区政府	Westminster City Council
公交优先特别反应小组	伦敦交通管理部门	Transport for London
项目维护管理	威斯敏斯特区政府	Westminster City Council
经济管理	新西区公私	New West End Company

资料来源: 作者根据相关资料 [312] 整理

第 7 章　经验与启示

步行优先的城市空间分配，要求城市土地资源中最稀缺的部分"地面层"应优先分配给步行空间。车的空间蚕食人的空间的现象加重了我国城市中"资源分配不均、空间结构割裂、社会公平失衡、交通恶性循环"的结构性问题。在城市内部结构优化成为工作重点的时代契机下，提出给车的空间做存量规划的空间再分配策略，并概括了"限制总量、结构调整、减少需求、提升观念"的总体思路。

在城市发展方向从增量扩张向存量优化转型的新阶段 [91, 93, 322]，"以人为本"成为新型城镇化的核心 [134, 135, 323]，如何提高城市质量和提升城市品质成为新形势下的重要议题。[324, 325] 现实中，人车空间分配的现状不符合以人为本的原则，"车的空间"仍在采用增量扩张的发展方式，侵占了"人的空间"，造成了人车空间分配的失衡，给城市造成了不良影响，阻碍了城市品质的提升。因此，有必要梳理和讨论一些基本问题：什么是以人为本的城市空间分配？城市土地资源的分配有何结构性问题？是如何产生的？实现空间再分配的契机是什么？如何实现空间的再分配？对这些问题的讨论和研究，有助于拓展城市结构优化的思路，提高城市空间分配的合理性，推动以人为本的城市空间再分配。

7.1　以人为本的人车空间分配

城市户外空间可划分为"人的空间"和"车的空间"。"人的空间"指人慢行、运动、休闲及生活所占用的户外空间，如绿地、体育场、慢行道等。"车的空间"指车辆行驶、停放所占用的户外空间，如机动车道、停车场等。以人为本中的"人"，指社会中人的总体及各种群体；而人的空间中的"人"，与"车"相对，指在不乘车的状态下的人群与个人。两者在微观层面有不同，在城市总体层面趋于统一，以人为本在城市总体层面指城市内所有的人，而所有人都存在不乘车的状态。土地资源地面层是城市中的稀缺资源，在不能同时满足人的空间和车的空间的情况下，可用以人为本的思想评判空间的分配。

7.1.1　以人为本的内涵解析

"十三五"规划提出"发展为了人民，发展成果由人民共享"和"推进以人为核心的新型城镇化"。[134, 135] 然而，以人为本是形而上的，取巧的可以把任何政策形容成以人为本。[136] 城市建设中的以人为本可以从"人的群体分布"和"人的需求分布"两个维度进行解析。

第一，以人为本是"社会公平"，是以各群体的均衡为本。马克思主义认为以人为本的"人"应该理解为所有的现实的人[137]，在城市中即指所有城市人，既包含户籍人口也包含流动人口，既包含富裕群体也包含贫困群体。这要求充分尊重不同的阶层人群、不同类型人群。在现实中，尤其需要关注城市中的弱势群体。[138] 所以，切实体现社会公平，才是以人为本。

第二，以人文本是"人本价值"，是以人的真正需要为本。随着效率至上的城市发展，产生了环境污染、人居恶化、交通拥堵等城市病。而实际上，人的需求是多方面的，不仅是非人性的数字与指标增长。城市在满足市民物质需要的同时，还要满足市民的精神文化等各方面需要，关注市民生活质量的全面提高和人的全面发展。[139] 只有进行充分价值取舍，满足凸显人本价值的真正需要，才是以人为本。

7.1.2 人车空间与社会公平

与车的空间相比，人的空间更能满足社会各群体的需要，体现社会公平。首先是线性的慢行空间，在服务广度上，对各阶层的人群而言，慢行交通都是生活的必需组成部分[14]，各种交通方式的接驳、末梢都离不开慢行交通。在人群分布上，慢行系统更能适应各种人群的需要，尤其是弱势群体的需求。[326] 相关研究指出，即使在发达国家，从慢行体系和城市公共空间建设中的获益最大的也是最弱势的群体[18]，而决策者应当把慢行系统看作体现社会公平的基本的人权，予以尊重。[17] 其次绿地、体育、广场等块状开敞空间，也已经成为提升品质的发展要求下，城市建设中服务全体市民不可缺少的基本配置，拥有和道路交通相等甚至更重要的地位。在人车空间矛盾突出的老城内部，与相应的块状停车空间相比，广场绿地体育等空间服务的人群人数更多，人群种类更为多样。

7.1.3 人车空间与人本价值

相比较而言，车的空间是"工具"，而人的空间才是体现人本价值的"目的"，工具应服从于目的。《雅典宪章》记载："人的需要和以人为出发点的价值衡量是一切建设工作成功的关键"[327]，而现代城市规划中，用于提供手段的"工具理性"充分发展，而用以界定行动目标的"价值理性"却日益模糊，工具理性的膨胀催生了价值上的非理性，产生"理性的吊诡"。[328, 329] 我国仍普遍存在以技术代替价值判断的现象，对城市建设和居民生活带来了不良后果。[330] 从以人为本价值出发，在城市空间中，生活、工作、运动、休闲都是人的"目的"，而车行的作用是"工具"，负责将人运送到目的地。车的空间侵占人的空间，在逻辑上是工具侵害了目的，是一种本末倒置的行为。

7.1.4 城市应是"人的空间"而非"车的空间"

土地是城市中的宝贵资源[84]，而地面层又是土地资源中最稀缺的部分，应将这最宝贵的资源，用于最核心的"人"。随着技术手段的进步，城市地下空间和高层空间资源的潜力被不断发掘出来。然而，技术手段丝毫没有改变土地资源地面层的稀缺性及其对城市中人的生活的重要性。一方面，地面层在现有技术条件下仍是总量恒定的稀缺资源；另一方面，在功能上，地面层有着不可替代的作用。地面层是开敞空间的唯一层面，是城市公共空间的重要载体。这最为宝贵的地面层空间，不应被"车的空间"侵占，而应按照以人为本的原则合理分配，将其优先分配给"人的空间"。

7.2 人车空间分配失衡及其引发的城市问题

中国城市的道路系统始终是城市规划和建设的重要组成部分。在城市人口不断扩张、机动车保有量迅速攀升、机动化出行需求迅猛增长的压力驱动下，城市的道路系统得到快速发展，其发展呈现出强势增量扩张的态势。而人的空间却遭到了严重的漠视与侵蚀。这种重视程度的失衡给我国城市更新带来了严重的结构性问题：土地分配结构不均衡，城市空间结构被撕裂，社会公平结构被漠视，而交通结构本身也进入了恶性循环。这违背了以人为本的空间分配原则，阻碍了城市品质的提升。

7.2.1 土地分配结构不均衡

由于车的空间增量扩张，人的空间被大量侵蚀。道路的不断拓宽侵蚀沿路空间，以慢行系统为主的线性公共空间被不断压缩；停车的空间迅猛扩展，绿地、体育、休闲等面状公共空间被大量占用。[331] 与此同时，人的空间却被忽视，形成了土地分配结构的不均衡。

第一，车行道侵蚀城市慢行空间。由于车行空间的侵占，慢行空间遭到大量挤压，其连贯性也遭到严重割裂。车行道的拓宽在城市建设中屡见不鲜，而其直接的空间来源，就是紧邻机动车道的自行车道和步行道。这种现象大量出现在老城中，甚至出现在部分新区内。慢行道空间遭到大量侵蚀，自行车与步行道被大量挤压、合并，甚至消失。慢行道还常沦为私家车合法或不合法的停车场，一辆汽车足以阻隔整个自行车道，这种大量且分布随机阻隔对慢行道侵害严重。

第二，停车场侵蚀城市公共空间。车对人的空间侵蚀，不仅停留在城市道路，停车空间已经蔓延到绿地、广场、体育等各种人的生活空间。随着汽车保有量的增加，停车难的问题日益严重，大量生活空间被改造成为汽车停车场。不管是在人生活的居住区，还是人工作、学习的单位及校园,公共空间都遭到停车场的大量侵占;宅间绿地、公共广场、运动场所被改造成为停车场的现象比比皆是。车的空间逐步蔓延,可谓见缝插针,而供人使用的空间却越来越少,甚至消失。

7.2.2 城市空间结构不合理

车行空间在地面网状布局,占主导地位,缺乏对其他城市空间系统的尊重,割裂了城市结构。我国城市多以车行干道为空间框架,甚至城市中心区也多为主干道十字交叉的结构。[332-338] 不仅绿地系统、开敞空间系统、景观系统等提升品质的系统让位于车行道,甚至交通系统自身的慢行系统、公交系统也被置于次要位置,屈从于车行交通。车行空间一家独大,城市空间结构被割裂。

比如慢行系统的割裂。以车为本的交通节点空间设计思路,割裂了城市慢行系统。车行道在节点处采用加宽、渠化等手法以保证快速通行,却增加了慢行交通的通过困难。[52] 甚至在一些城市中心的活动密集区域,步行被完全移至地下,不允许地面通过,步行系统的质量大打折扣,开敞空间也被彻底割裂。

再比如公共交通系统的影响。对慢行系统的侵害,实际上影响了公共交通系统的完整性。慢行交通是公共交通的末梢[339],车行交通对慢行交通的侵害,影响了公共交通的换乘与末梢,导致了城市交通中的"最后一公里"难题。[340]"末梢"和"一公里"并不代表公共交通所需要的慢行配套可以是零散的、断续的。因为有人的地方就需要公共交通末梢,"最后一公里"难题无处不在,只有完整连续成体系的慢行系统才能有效配合并支撑起便捷有效的公共交通系统。

7.2.3 社会公平结构被忽视

社会公平的含义在于保证资源配置过程中社会各方利益的均衡。[341] 而人车空间分配失衡,实际上是快行、慢行交通方式的不均衡,是生活与通勤用地之间的不均衡,是有车与无车人群之间的不均衡。这侵害了依赖慢行交通群体的利益、无车群体的利益,损害了社会公平。

例如我国城市道路交叉口的管理和信号灯设计,存在严重的重车行、轻慢行的不公平现象,损害了慢行群体利益。在仅有的慢行空间中,慢行的管理混乱甚至缺位,人的权益甚至安全得不到应有保障。为加快车流快速通过,类似"慢行直行过街时间与汽车转弯通过时间重叠"的矛盾现象普遍存在,即使绿灯行,慢行也需要与车流以肉身相搏,在人流密集的城市中心地区也是如此,绿灯对慢行交通来说已经丧失了基本的保障安全的意义。

7.2.4　交通拥堵的恶性循环

车行优先的现象客观上鼓励了汽车的增加，形成车行交通恶化的循环。车的空间侵占了人的空间，实际上向人们传递了一个信息："车行交通是凌驾于慢行交通、城市绿地、体育运动、公共空间之上的重要系统，车行的空间需求会优先得到满足"。与此同时，城市慢行系统环境恶劣，公交系统配套不完善，效率不高。尽管国家号召绿色出行，但车行优先的"引导"与"无奈"在事实上鼓励了人们选择开车出行。这加重了车行的负担，迫使其进一步侵害人的空间，形成恶性循环。

7.3　人车空间分配失衡现象的成因

在车的空间和人的空间产生矛盾时，做出让步的往往是人的空间。这种"车行优先"的现象，总体上是由对以人为本的不理解造成的。具体来说：在观念上，基于以往历史经验，将车行提到了过于重要的地位，而对人的空间关注不足，没有跟上以人为本、绿色出行的思想；在认识上，对交通问题的成因认识不清晰，错误地认为我国道路面积率过低；在手段上，缺乏对车的空间结构性问题的有效解决办法，被迫采用增量扩张的粗犷手段。

7.3.1　对车的重视和对人的忽视

第一，车行交通在我国受到了广泛重视，车行优先的观念被不断加深。一方面，交通基础设施的建设客观上支撑了我国经济的迅猛发展[342]，"要想富，先修路"等口号已经深入人心。尽管已经开始反思"效率优先"[86, 341]，但高速平稳的经济发展经验使其不可能被轻易否定，"效率优先"的指导思想仍贯穿我国发展的各个方面。另一方面，开车代表富裕的思想在我国仍广泛存在，"有房有车"的评价标准遍布城乡。

第二，人的空间在城市建设过程中，往往受到忽视。一方面，我国脱离贫困落后的时间不长，贫富差距、社会保障等基本问题尚未有效解决，群众对空间品质的需求尚未广泛表达，绿色出行的有效宣传也尚需时日。另一方面，车的空间是近期问题，一旦拥堵马上就会造成不便，而人的空间是远期问题，生活、体育、休闲空间的缺失，在短时间内不会暴露影响。

7.3.2　交通问题的成因认识不清

在研究交通拥堵问题时，常误认为"我国道路面积率低"是重要的原因。一般认为，我国城市道路面积率尚不足 15%[343]，与国际上一些城市对比，我国城市的道路面积率并不高。然而，这只是由于统计口径不同所造成的错觉。我国存在"公共道路"和"街区内部路"两种属性的道路，如果考虑两种属性的道路，其综合面积已占城市用地的近30%[343]，远超过一般城市 8%-15%、大城市 15%-20% 的规范参考值 [344]，和 15% 的国家发展目标。[345] 可见，制约交通发展的并不是面积总量，而是内在结构。

7.3.3 解决交通问题的手段不足

空间上，"拓宽道路缓解交通"的粗犷手段仍在广泛实施。我国城市道路交通系统在空间上普遍存在多种结构性的问题。比如，路网密度问题、围墙阻碍问题、街区尺度问题、功能分区问题等。然而，在实际的操作过程中，解决结构性问题的有效手段十分缺乏。这导致，虽然拓宽道路、提高道路等级的增量扩张手段对疏解交通的作用十分有限，且对人的空间有诸多不良影响，但是在缺乏其他手段的无奈之下，它还是成了短期内缓解拥堵的唯一选择，被大量使用。

管理上，车辆"路权分配"概念缺失。国家多次强调"优先发展公共交通"[345]，城市道路系统的建设成为发展重点。然而，以发展公交为目的的道路建设却被私家车的增长大量侵占。这是因为，我国车行道路"路权"的分配仍较为落后，私家车与公共交通的路权没有细化设计，公交专用道的建设与管理刚刚起步，国外较为常见的各类限行道路在我国仍属空白，优先发展的公交车和应当限制的私家车仍享有几乎均等的路权，这就致使公交车的空间优先发展却导致了私家车的空间优先发展。

7.4 步行优先以人为本空间再分配的时代契机

要调整和解决空间分配失衡的问题,必须进行空间的再分配。其本质是利益的再分配,这是一项艰难的任务。我国城镇化正在进入以提升质量为主的转型发展新阶段,发展的重心转向内部结构优化,这为以人文本的城市空间再分配创造了时代契机。在发展目标上,统一了"发展为了人民"和"提升空间品质"的总体思想;在工作方式上,"存量优化"逐步成为城市建设的工作重心,城市内部结构的调整与优化成为城市建设工作的新常态;在空间供给上,"打开围墙"将为城市更新提供宝贵的线性存量空间,为城市结构优化提供了空间资源。

7.4.1 城市更新：提升品质的发展方向和优化结构的工作方法

重视提高"人的空间"的品质，以人为本的建设城市空间是存量规划的工作要求。我国城市发展从"增量扩张"向"存量优化"的转型已得到政府及社会各界的广泛重视。大量的城市建设将会集中在老城，城市更新成为城市建设工作的新常态。[346]"增长主义"

和"效率优先"的观念得到了反思与探讨。如何逐步转变城市发展方式，如何注重城市内涵发展，以及如何提高城市质量和提升城市品质成为新常态下的重要议题。[347] 这为优化人的空间、限制车的空间提供了契机与方法支撑。

7.4.2 供给侧改革：以人为本的空间品质提升成为必然

强调高品质人的空间建设，是推进供给侧结构性改革的必然要求。供给侧改革指："用改革的办法推进结构调整，减少无效和低端供给，扩大有效和中高端供给，增强供给结构对需求变化的适应性和灵活性。"[348] 城市是一种特殊的重要产品，它服务于城市内的所有人，同时不可移动、不可再生。如果供给不能满足需求的高品质要求，需求将转向其他的高品质供给。同理，如果城市环境的"供给"能力不能满足市民高品质生活的"需求"，将产生需求转移的严重后果，城市将失去吸引力，导致人才流向其他舒适、宜居的城市，甚至流向国外，加剧人才的流失。只有优化空间分配，保证人的空间，才有可能塑造高品质的城市供给，顺应供给侧改革的发展方向。[349]

7.4.3 可持续发展：绿色出行和慢行优先成为广泛共识

目前，随着人们对可持续发展和健康城市的日益重视[350-356]，以及多年的讨论与实践，慢行优先、绿色出行的理念已经成为共识。慢行优先可以提升城市的品质，还能显著增进人的健康。发展慢行系统能够提升城市档次，吸引人才、消费和投资，促进经济的发展。它与提高生活质量紧密相关，而不仅仅是一个备选项。在国内，绿色出行是我国"绿色城市"建设的重点方向[326]，也是可持续发展中的必须环节。慢行优先的城市建设能够促使人们更多地选择绿色出行，从而减少机动车出行，减轻道路拥堵，达到减少碳排放的目的。尽管有各种各样的技术手段，鼓励绿色出行仍然是一种应对能源紧缺及气候变化、减少污染及噪声、增加安全性及流动性的重要的手段，便宜、可操作。2021年，步行优先被明确写入《城市步行和自行车交通系统规划标准》。[357]

7.5 步行优先的空间再分配策略

给车的空间做"存量规划"，以此作为人车空间的再分配策略，逐步重塑步行优先以人为本的城市结构。在总量控制上，设置车的空间上限，控制其无序扩张，减小其对人的空间的侵蚀。在结构优化上，从城市整体出发，优化土地资源分配、细化路权分配，完善慢行交通系统。在交通需求上，采用空间和技术手段减少人的出行数量和出行距离，减少出行需求。在思想理念上，树立慢行优先、绿色交通的价值观。

7.5.1　控制路面总量

（1）控制道路面积的总量

以限制增量为原则，控制道路面积率的增长。近年来，我国道路面积率已从 1990 年的 7% 左右增长到现在的 14% 左右[343]，并有持续增长的趋势。[345] 随着其占比的逐步提高，必须注意其对稀缺土地资源的占用和对城市其他用地的影响，不能放任增量扩张的道路发展方式，而应以节约土地资源和尊重人的空间为原则，控制其面积的增长，为其设置增长的上限。

（2）优化空间存量分配

在城市更新过程中，切忌以车行交通作为唯一优化对象，缓解车行不畅问题，而应当综合调配，多方均衡。一方面，应保证一部分资源用来完善人的空间，建立绿色交通系统和各种公共空间系统；另一方面，在将其用于车行交通，完善其结构的同时，应将拓宽道路侵占的空间返还给人，用于完善慢行交通等系统。

7.5.2　优化城市结构

（1）纵向分配结构：人的空间地面优先，车的空间立体发展

在进行地下、地面、地上的城市空间纵向分配时，明确地面层是最宝贵的城市土地资源，而"人"是我国新型城镇化的核心，应该将最宝贵的地面资源优先分配给"人"。"车"作为重要的城市配套，其发展应该得到足够重视。但是，不能让车的空间在地面无序扩张，其在地面的发展应该以不影响人的空间为前提，否则，就应换层发展，将车行、停车移至地下或地上层，把地面空间留给"人"[55]，如慢行、绿化、广场、体育等户外公共空间。

（2）路权分配结构：路权分配细化设计，公私车行区别对待

尽管私家车和公交车都占用车行道路空间，但公交车是鼓励对象，而私家车是限制对象，应细化路权分配设计，采用制度管理的手段达到限制私家车、鼓励公交车的目的。一方面，在空间上，大力发展多种、多级限行道路，尤其是对"打开围墙"之后即将形成的更加密集的道路系统，采取限行管理。优先考虑"人"，在干扰严重的路段，按照"步行－自行车－公交－必要私家车－非必要私家车"的先后顺序，分级限制车辆通行，将路权还给人。另一方面，在经济上，在有调节余地的前提下[358]，根据需要采用"拥堵费"等分类奖惩手段，调配出行方式。

（3）综合交通结构：慢行优先均衡发展，提高道路运载能力，构建慢行优先的高效综合交通系统

慢行优先方面，加深慢行系统规划的深度，多种交通方式均衡发展。比如构建慢行核、慢行岛、慢行廊的空间结构[359]，划分快速廊道、通行道和休闲道等多个等级[360]，而不

仅把慢行当作车行交通的附属与补充。在人的活动密集的地区，如城市中心区[361]，归还部分被车占用的空间，强势打通一条或若干具有一定品质的慢行优先的自行车道或步行道[204, 362]，提高慢行交通的地位。交通系统方面，优化道路结构，提升空间利用的科学性；在不增加面积的前提下，提高单位面积的运载密度，提高空间使用效率，增强道路运载能力。

7.5.3　减少出行需求

（1）优化城市空间布局，减少出行需求

采用优化城市形态功能布局的方法，减少人的出行需求。[363]一方面，控制城市的建设密度。越来越多的研究证明，通过密度控制可以实现城市的紧凑发展，从而减少出行。[364]另一方面，优化城市功能布局。通过土地混合使用，推动就业与住房的平衡，增加短径出行[365]；优化功能布局与空间组织引导居民就近出行[366]；考虑用地与公共交通方式的良好结合，减少交通出行次数，提高公交使用率。[367]

（2）推动智慧城市建设，将物质流转化为信息流

大力发展网络空间，推动智慧城市建设，探索将物质流转化为信息流的途径，减少物质流需求，节约城市地面空间。一方面，智慧城市建设是我国新型城镇化规划的重要发展方向。[25]推进网络与城市经济社会发展深度融合，从体制上、技术上为人民的工作、生活提供便利，减少不必要的出行需求。另一方面，城市地面空间是有限的，而网络空间是无限的，应充分挖掘无限网络空间的潜力，节约有限城市地面空间的使用。

7.5.4　深化理论研究

（1）加强相关研究，提高技术水平

在车的空间方面，目前城市中工具性的车的空间无序扩张，实质是压缩其空间的技术能力的不足。必须采用技术手段将其浓缩，提高运载效率和密度，而不放任其扩展空间。就像建筑中，通过科技的研发，努力压缩和隐藏工具性的"墙体"和"管线"，优化目的性的"空间"。应将空间还给目的性的人的空间。在人的空间方面，从城市本质的角度，进一步发掘人的空间的价值，明确其在城市中应有的地位，为尊重人的空间提供价值支撑；从实践角度，探寻在空间资源稀缺的前提下，人的空间如何集约高品质发展。

（2）加强宣传引导，树立科学理念

在社会上，加强宣传和引导。树立绿色出行的理念，使慢行和公交真正成为人的优先选项，而非第二选项。提升绿色出行比例，缓解车行交通压力；同时，为慢行系统、绿地系统、开敞空间系统的建设提供理论上的支持。

7.6 小结

以人为本的城市空间分配，应将城市中最宝贵的土地资源地面层优先分配给"人的空间"而非"车的空间"。然而，在现实中，车的空间增量扩张，发展强势，侵占了人的空间，造成了人车空间分配的失衡，给我国城市更新带来了严重的结构性问题：土地分配结构不均衡，城市空间结构被撕裂，社会公平结构被漠视，而交通结构本身也进入了恶性循环。这种现象是由车行受到过度重视，对交通问题的认识错误和缺乏解决交通问题的手段所共同导致的。"十三五"规划期间出台的一系列政策，从发展目标上、工作方式上和空间供给上为以人为本的城市空间再分配创造了时代契机。应当抓住机遇，从限制总量、结构调整、减少需求和提升观念四个方面着手，给车的空间做存量规划，从而实现以人为本的城市空间再分配。

图目录

图 1-1 各人口档次城市研究案例数量及抽样率图 ·························· 019

图 1-2 研究城市在英国的分布示意图 ································· 019

图 2-1 英国主要城市中心区百年前后对比地图 ···················· 021

图 2-2 英国主要城市中心区百年前后对比地图 ···················· 023

图 2-3 加的夫城市中心区新老航拍图 ····························· 024

图 2-4 各年份加的夫城市中心区交通图 ·························· 025

图 2-5 加的夫主要街道新老对比照片 ····························· 025

图 2-6 伦敦城市中心区核心商业街 Oxford Street 历年道路级别图 ······· 027

图 2-7 1972 年利物浦城市中心区交通地图 ························· 028

图 2-8 1976 年利物浦城市中心区交通地图 ························· 028

图 2-9 1968 年 Church Street 照片 ································ 029

图 2-10 1985 年 Church Street 照片 ······························ 029

图 2-11 英国各城市中心区历年平均步行道长度、限行道长度和总长度折线图 ······ 030

图 2-12 英国各城市中心区历年步行道长度、限行道长度和总长度折线图 ·········· 031

图 2-13 伦敦城市中心区的限行道 Oxford Street ······················ 035

图 2-14 爱丁堡城市中心区的限行道 Princes Street ····················· 035

图 2-15 伯明翰城市中心区的限行道 Corporation Street ················ 036

图 2-16 加的夫城市中心区的限行道 High Street ······················ 037

图 3-1 英国城市中心区空间结构图 ······························· 038

图 3-2 2014 年利兹城市中心区步行体系及主要核心功能建筑分布图 ············· 041

图 3-3 英国各城市中心区步行体系范围核心功能出现率柱状图 ············· 042

图 3-4 伯明翰城市中心区车行环与企业办公区位置关系图 ··············· 044

图 3-5 英国城市中心区车行环路样式举例图 ························· 045

图 3-6 环路疏解过境交通示意图 ································· 046

图 3-7 环路组织对外交通示意图 ································· 046

图 3-8 缓冲区组织交通转换示意图 ······························· 047

图 3-9 缓冲区隔离人车干扰示意图 ······························· 047

图 3-10 停车场沿环分布内外平衡示意图 ·······048
图 3-11 停车场区域调配整体平衡示意图 ·······048
图 3-12 德比城市中心区车行环尺度图 ·······049
图 3-13 英国城市中心区车行环尺度图 ·······049
图 3-14 英国城市中心区车行环直径及城市人口图 ·······052
图 3-15 英国城市中心区车行环平均直径分布直方图 ·······052
图 3-16 加的夫城市公交车线路图 ·······053
图 3-17 加的夫城市中心区公交站分布图 ·······054
图 3-18 加的夫城市中心区各路公交线路叠合图 ·······054
图 3-19 2014年加的夫城市中心区交通地图 ·······055
图 3-20 加的夫城市中心区车行环路与公交环路位置关系图 ·······055
图 3-21 2016年加的夫各路公交在城市中心区的具体线路图 ·······055
图 3-22 2014年德比城市公交线路图 ·······058
图 3-23 2014年德比城市中心区公交线路及站点分布图 ·······058
图 3-24 2014年德比城市中心区交通图 ·······058
图 3-25 德比城市中心区空间结构图 ·······058
图 3-26 2017年考文垂城市公交线路图 ·······059
图 3-27 2015年考文垂城市中心区公交线路及站点分布图 ·······059
图 3-28 2014年考文垂城市中心区交通地图 ·······059
图 3-29 考文垂城市中心区空间结构图 ·······059
图 3-30 2015年利物浦城市公交线路图 ·······060
图 3-31 2017年利物浦城市中心区公交线路及公交站布点图 ·······060
图 3-32 2014年利物浦城市中心区交通图 ·······060
图 3-33 利物浦城市中心区空间结构图 ·······060
图 3-34 2017年诺丁汉城市公交线路图 ·······061
图 3-35 2017年诺丁汉城市中心区公交线路及站点分布图 ·······061
图 3-36 2014年诺丁汉城市中心区交通图 ·······061
图 3-37 诺丁汉城市中心区空间结构图 ·······061
图 3-38 利兹城市中心区在城市内环中的位置图 ·······062
图 3-39 2014年利兹城市中心区交通地图 ·······062
图 3-40 2017年利兹城市中心区公交线路及站点分布图 ·······063
图 3-41 2016年利兹城市中心区公交环线线路图 ·······063
图 3-42 利兹城市中心区空间结构图 ·······063

图 3-43　2009 年利兹城市交通结构规划图 ･･････････････････････････063

图 4-1　逐步扩大演化模式第一阶段结构图 ･･････････････････････065

图 4-2　加的夫城市中心区演化第一阶段各年份交通图 ････････065

图 4-3　逐步扩大演化模式第二阶段结构图 ･･････････････････････066

图 4-4　加的夫城市中心区演化第二阶段各年份交通图 ････････066

图 4-5　逐步扩大演化模式第三阶段结构图 ･･････････････････････067

图 4-6　加的夫城市中心区演化第三阶段各年份交通图 ････････067

图 4-7　逐步扩大演化模式第四阶段结构图 ･･････････････････････068

图 4-8　加的夫城市中心区演化第四阶段各年份交通图 ････････068

图 4-9　布拉德福德城市中心区代表年份路网图 ････････････････069

图 4-10　布赖顿城市中心区代表年份路网图 ････････････････････069

图 4-11　布里斯托尔城市中心区代表年份路网图 ････････････････070

图 4-12　爱丁堡城市中心区代表年份路网图 ････････････････････070

图 4-13　利兹城市中心区代表年份路网图 ･･･････････････････････070

图 4-14　利物浦城市中心区代表年份路网图 ････････････････････071

图 4-15　曼彻斯特城市中心区代表年份路网图 ･･････････････････071

图 4-16　纽卡斯尔城市中心区代表年份路网图 ･･････････････････071

图 4-17　诺丁汉城市中心区代表年份路网图 ････････････････････072

图 4-18　朴次茅斯城市中心区代表年份路网图 ･･････････････････072

图 4-19　设菲尔德城市中心区代表年份路网图 ･･････････････････072

图 4-20　南安普敦城市中心区代表年份路网图 ･･････････････････073

图 4-21　一步到位式演化第一阶段模式图 ･･･････････････････････073

图 4-22　考文垂城市中心区演化第一阶段各年份交通图 ･･･････073

图 4-23　一步到位式演化第二阶段模式图 ･･･････････････････････074

图 4-24　考文垂城市中心区演化第二阶段各年份交通图 ･･･････075

图 4-25　一步到位式演化第三阶段模式图 ･･･････････････････････076

图 4-26　考文垂城市中心区演化第三阶段各年份交通图 ･･･････076

图 4-27　一步到位式演化第四阶段模式图 ･･･････････････････････077

图 4-28　考文垂城市中心区演化第四阶段各年份交通图 ･･･････077

图 4-29　考文垂城市中心区新老照片对比图 ････････････････････078

图 4-30　考文垂人行道施工现场照片 ･･･････････････････････････078

图 4-31　布里斯托尔城市中心区代表年份路网图 ････････････････079

图 4-32　考文垂城市中心区代表年份路网图 ････････････････････079

图 4-33　格拉斯哥城市中心区代表年份路网图 ················079

图 4-34　普利茅斯城市中心区代表年份路网图 ················080

图 4-35　远期规划式演化第一阶段模式图 ···················080

图 4-36　沃尔弗汉普顿城市中心区演化第一阶段各年份交通图 ··········081

图 4-37　远期规划式演化第二阶段模式图 ···················082

图 4-38　沃尔弗汉普顿城市中心区演化第二阶段各年份交通图 ··········082

图 4-39　1944 年沃尔弗汉普顿规划 ·······················083

图 4-40　修改后的环路规划方案 ························083

图 4-41　1960 年代沃尔弗汉普顿城市中心区环路照片 ············083

图 4-42　远期规划式演化第三阶段模式图 ···················083

图 4-43　沃尔弗汉普顿城市中心区演化第三阶段各年份交通图 ··········084

图 4-44　各年份斯托克交通地图 ························085

图 4-45　德比城市中心区代表年份路网图 ···················085

图 4-46　莱斯特城市中心区代表年份路网图 ·················086

图 4-47　斯托克城市中心区代表年份路网图 ·················086

图 4-48　沃尔弗汉普顿城市中心区代表年份路网图 ··············086

图 4-49　伯明翰城市中心区代表年份路网图 ·················087

图 4-50　历年布里斯托尔城市中心区交通地图 ················088

图 4-51　1999 年与 2003 年 Queen Square 航拍对比图 ············088

图 4-52　Queen Square 相关图片 ·······················089

图 4-53　1767 年爱丁堡新城规划图 ······················089

图 4-54　1804 年爱丁堡地图 ·························090

图 4-55　各年份爱丁堡城市中心区交通地图 ·················090

图 4-56　2014 年 Princes Street 鸟瞰照片 ··················091

图 4-57　爱丁堡城市中心区 Princes Street 各种使用状态的照片 ········091

图 4-58　爱丁堡城市中心区鸟瞰及三条轴线位置图 ··············091

图 5-1　建筑街区一体化的步行体系规划模式图 ···············093

图 5-2　历年利物浦城市中心区交通图 ····················094

图 5-3　历年 Liverpool One 航拍图 ······················094

图 5-4　Liverpool One 各层平面图 ······················096

图 5-5　Liverpool One 建筑单体分布图 ···················097

图 5-6　利物浦城市中心区步行地图 ·····················097

图 5-7　Liverpool One 与城市中心区步行系统的结合 ············098

图 5-8　Liverpool One 实景照片 ·······························098

图 5-9　Liverpool One 覆土车库出入口图 ·················099

图 5-10　Liverpool One 立面图 ·····························099

图 5-11　Liverpool One 剖面图 ·····························100

图 5-12　历年 Trinity Leeds 航拍图 ·······················101

图 5-13　历年利兹城市中心区交通图 ·······················101

图 5-14　Trinity Leeds 各层平面图 ·······················102

图 5-15　Trinity Leeds 内部核心空间照片 ·················102

图 5-16　Trinity Leeds 内部街巷空间照片 ·················102

图 5-17　利兹城市中心区步行地图 ·························103

图 5-18　利兹城市中心区建筑与街区步行体系一体化结构图 ·····104

图 5-19　利兹城市中心区建筑内外步行街实景照片 ···········105

图 5-20　历年加的夫城市中心区航拍图及 St. David's Centre 位置 ·····106

图 5-21　历年加的夫城市中心区交通图 ·····················106

图 5-22　加的夫 St. David's Centre 与 Queens Arcade 及周边拼合平面图 ········107

图 5-23　St. David's Centre 实景照片 ····················108

图 5-24　加的夫城市中心区建筑与街区步行体系一体化结构图 ·····108

图 5-25　St. David's Centre 设计思路图 ··················109

图 5-26　加的夫城市中心区传统拱廊商业街内部空间 ·········109

图 6-1　Oxford Circus 区位图 ····························112

图 6-2　Oxford Circus 与周边主要地标的位置关系图 ········112

图 6-3　Oxford Circus 昔日繁忙景象 ·····················112

图 6-4　2006 年 Oxford Circus 工作日下午高峰期地面使用率分布图 ·····113

图 6-5　Oxford Circus 现状问题照片：步行空间总量不足 ·····113

图 6-6　Oxford Circus 现状问题照片：行人安全难以保障 ·····114

图 6-7　Oxford Circus 现状问题照片：步行流线不够便捷 ·····114

图 6-8　Oxford Circus 现状问题照片：行人之间相互干扰 ·····115

图 6-9　Oxford Circus 现状问题照片：城市家具占用空间 ·····115

图 6-10　ORB 规划的改造范围 ···························116

图 6-11　Oxford Circus 改造前平面图 ····················117

图 6-12　Oxford Circus 改造后平面图 ····················118

图 6-13　东京涩谷火车站站前广场人行横道 ·················120

图 6-14　伦敦 Oxford Circus 改造前后行人分布对比图 ·······120

图 6-15　伦敦 Oxford Circus 改造前后步行与逗留空间对比图 ················ 121

图 6-16　伦敦 Oxford Circus 改造前后步行流线对比图 ·················· 122

图 6-17　改造前后空间利用率对比图 ······························ 122

图 6-18　Oxford Circus 改造之前全景照片 ························· 123

图 6-19　Oxford Circus 改造之后全景照片 ························· 124

图 6-20　Oxford Circus 剖面图····························· 124

图 6-21　地铁、地下步行系统与路面的对应关系图 ··················· 125

图 6-22　Oxford Circus 对外公交线路图························ 125

图 6-23　2017 年伦敦地铁线路图 ···························· 126

图 6-24　伦敦地铁站点间的步行步数图 ························· 126

表目录

表 1-1　研究城市列表 ………………………………………………………………… 018

表 2-1　英国各城市中心区历年平均步行道长度、限行道长度和总长度统计表 ……… 030

表 3-1　英国各城市中心区步行体系范围核心功能出现频次统计表 …………………… 042

表 3-2　英国城市中心区车行环直径及城市人口表 …………………………………… 050

表 6-1　ORB 行动规划的更新目标表 ………………………………………………… 117

表 6-2　参与 ORB 项目的主要单位及分工表 ………………………………………… 127

参考文献

[1] Peter Hall. Good cities, better lives [M]. New York: Routledge , 2014.

[2] Phil Jones, James Evans. Urban regeneration in the UK [M]. Thousand Oaks, California 91320. SAGE Publication Inc., 2013.

[3] Stockholm City Council. The walkable city: Stockholm city plan [Z]. 2010.

[4] Rob Imrie, Loretta Lees, Mike Raco. Regenerating London: governance, sustainability and community in a global city [M]. Routledge, 2009.

[5] Kevin M Leyden. Social capital and the built environment: the importance of walkable neighborhoods [J]. American journal of public health, 2003, 93 (9): 1546- 1551.

[6] Shuhana Shamsuddin, Nur Rasyiqah Abu Hassan, Siti Fatimah Ilani Bilyamin. Walkable environment in increasing the liveability of a city [J]. Procedia-Social and Behavioral Sciences, 2012, 50: 167-178.

[7] Michael Southworth. Designing the walkable city [J]. Journal of urban planning and development, 2005, 131 (4): 246-257.

[8] Takehito Takano, Keiko Nakamura, Masafumi Watanabe. Urban residential environments and senior citizens' longevity in megacity areas: the importance of walkable green spaces [J]. Journal of epidemiology and community health, 2002, 56 (12): 913-918.

[9] S Olof Gunnarsson. The pedestrian and the city—a historical review, from the Hippodamian city, to the modernistic city and to the sustainable and walking-friendly city [C]. Copenhagen, Denmark: Walk21-V Cities for People, 2004.

[10] Whit Blanton. A review of "pedestrian- & transit-oriented design" [J]. Journal of the American Planning Association, 2013, 79 (4): 350-351.

[11] Sooil Lee, Seungjae Lee, Hyeokjun Son, Yongjin Joo. A new approach for the evaluation of the walking environment [J]. International Journal of Sustainable Transportation, 2013, 7 (3): 238-260.

[12] Melissa A. Napier, Barbara B. Brown, Carol M. Werner, Jonathan Gallimore.

Walking to school: community design and child and parent barriers [J]. Journal of Environmental Psychology, 2011, 31 (1): 45-51.

[13] Wann Ming Wey, Yin Hao Chiu. Assessing the walk ability of pedestrian environment under the transit-oriented development [J]. Habitat International, 2013, 38 (2): 106-118.

[14] London Walking Forum and CAST. Conclusions from the Walk21 Conference[C]. London: Walk21 Conference, 2000.

[15] Jim Walker. Getting communities back on their feet[C]. The Hague: Walk21 XI Conference, 2010.

[16] Jim Walker. Putting pedestrians first[C]. Toronto, Canada: WALK21 VIII Conference, 2007.

[17] Rodney Tolley, Jim Walker. Conference conclusions[C]. Portland Oregon, USA: Walk21 IV: Health, Equity & Environment, 2003.

[18] Jim Walker. Transforming the automobile city – walking steps up[C]. Vancouver: Walk21 XII Conference, 2011.

[19] Jim Walker. Conference conclusions [C]. San Sebastian, Donostia: Walk21-III: Steps towards liveable cities, 2002.

[20] Jim Walker. Conference conclusions[C]. Barcelona Walk21 Conference, 2008.

[21] Jeff Speck. Walkable City[M]. New York: North Point Press: 2012.

[22] 中共中央、国务院. 国家新型城镇化规划（2014—2020 年）[Z]. 2014.

[23] 中共中央. 中共中央关于制定国民经济和社会发展第十三个五年计划的建议 [Z]. 2015.

[24] 新华社. 中央城市工作会议在北京举行，习近平李克强作重要讲话张德江俞正声刘云山王岐山张高丽出席会议 [N]. 人民日报，2015-12-23: 1，3.

[25] 中共中央国务院. 中华人民共和国国民经济和社会发展第十三个五年规划纲要 [Z]. 2016.

[26] 中华人民共和国住房和城乡建设部. 住房和城乡建设部关于加强生态修复城市修补工作的指导意见 [Z]. 2017.

[27] 习近平. 决胜全面建成小康社会 夺取新时代中国特色社会主义伟大胜利——在中国共产党第十九次全国代表大会上的报告 [M]. 北京: 人民出版社，2017.

[28] Peter Hall. Good cities, better lives: how europe discovered the lost art of urbanism[M]. London and New York: Routledge, 2014.

[29] Peter Hall. Sociable cities the 21st-century reinvention of the garden city [M].

London and New York: Routledge, 2014.

[30]　Phil Jones, James Evans. Urban regeneration in the UK (2nd edition) [M]. Los Angeles, London, New Delhi, Singapore, Washington DC: Sage, 2013.

[31]　Yvone Rydin. The future of plannig byond growth dependence [M]. Bristol and Chicago: Policy Press , 2013.

[32]　Vikas Mehta. The street: a quinteessential social public space [M]. London and New York. Routledge: 2014.

[33]　Ali Madanipour. Whose public space? International case studies in urban design and development [M]. Routledge, 2013.

[34]　Norhafizah Abdul Rahman, Shuhana Shamsuddin, Izham Ghani. What makes people use the street? Towards a liveable urban environment in Kuala Lumpur city centre [J]. Procedia-Social and Behavioral Sciences, 2015, 170: 624-632.

[35]　Michael A Burayidi. Downtowns: revitalizing the centers of small urban communities [M]. Routledge, 2013.

[36]　Carlos JL Balsas. Downtown resilience: a review of recent (re) developments in Tempe, Arizona [J]. Cities, 2014, 36: 158-169.

[37]　Alex McClimens, Nick Partridge, Ed Sexton. How do people with learning disability experience the city centre? A Sheffield case study [J]. Health & place, 2014, 28: 14-21.

[38]　David J Madden. Neighborhood as spatial project: Making the urban order on the downtown Brooklyn waterfront[J]. International Journal of Urban and Regional Research, 2014, 38, (2): 471-497.

[39]　Angelo Caloia. Veneranda favvrica del duomo di Milano [M]. Esterna del Molino: Vovs Nous, 2014.

[40]　Giuseppe Meucci Valeria Caldelli. La torre pendente. Il restuaro del secolo (Italian) [M]. Italy: Pacini Editore: 2011.

[41]　Timothy Verdon. The Cathedral, the Baptistery, the Bell Tower [M]. Firenze: mandragora: 2016.

[42]　F Da Porto, M Munari, A Prota, C Modena. Analysis and repair of clustered buildings: case study of a block in the historic city centre of L'Aquila (Central Italy) [J]. Construction and building materials, 2013, 38: 1221-1237.

[43]　Andrew Tallon. Urban regeneration in the UK (2nd Edition) [M]. London and New York: Routledge, 2013.

[44]　Samira Louafi Bellara，Saliha Abdou，Sigrid Reiter. Thermal and visual comfort under different trees cover in urban spaces at Constantine city centre-hot and dry climate [C]. Proceedings of the International Conference PLEA 2016，"Cities，Buildings，People：Towards Regenerative Environments"，2016.

[45]　Samuel Henchoz，Céline Weber，François Maréchal，Daniel Favrat. Performance and profitability perspectives of a CO_2 based district energy network in Geneva's City Centre [J]. Energy，2015，85：221-235.

[46]　Mary J Thornbush. Building health assessed through environmental parameters after the OTS in the city centre of Oxford，UK [J]. Area，2015，47（4）：354-359.

[47]　Tero Lähde，Jarkko V Niemi，Anu Kousa，Topi Rönkkö，Panu Karjalainen，Jorma Keskinen，Anna Frey，Risto Hillamo，Liisa Pirjola. Mobile particle and nO x emission characterization at Helsinki downtown：comparison of different traffic flow areas [J]. Aerosol Air Qual. Res，2014，14（5）：1372-1382.

[48]　PRC Drach，R Emmanuel. Effects of urban morphology on intra-urban temperature differences：two squares in Glasgow city centre [C]. AGU Fall Meeting Abstracts. 2014：0317.

[49]　Amber L Pearson，Daniel Nutsford，George Thomson. Measuring visual exposure to smoking behaviours：a viewshed analysis of smoking at outdoor bars and cafés across a capital city's downtown area [J]. BMC public health，2014，14（1）：300.

[50]　Jeff Speck. Walkable city how downtown can save America，one step at a time [M]. New York：North Point Press，2013.

[51]　董晓峰，Nick Sweet，杨保军. 英国生态城镇规划研究 [M]. 北京：中国建筑工业出版社：2017.

[52]　Carmen Hass-Klau. The pedestrian and the city [M]. New York and London：Routledge，2015.

[53]　Cynthia Brown. Wharf Street revisited：a history of the wharf Street area of Leicester [M]. Leicester Living History，Leicester City Libraries，Leicester；1st Edition（Sept. 1995），1995.

[54]　Helen E. Boynton. The changing face of London Road，Leicester [M]. Leicester：Dr Helen Boynton，2001.

[55]　Mark Norton. Birmingham then & now [M]. Stroud，Gloucestershire：The History Press，2014.

[56] Paul Leslie Line. Birmingham：a history in maps [M]. Stroud，Gloucestershire：The History Press，2011.

[57] Thilo A Becker，Brian Caulfield，Philip Shiels. Examining the potential of variable congestion charges in Dublin city centre [C]. Transportation Research Board 96th Annual Meeting，2017.

[58] Daniël Reijsbergen，Stephen Gilmore，Jane Hillston. Patch-based modelling of city-centre bus movement with phase-type distributions [J]. Electronic Notes in Theoretical Computer Science，2015，310：157-177.

[59] William Clayton，Eran Ben-Elia，Graham Parkhurst，Miriam Ricci. Where to park? A behavioural comparison of bus Park and Ride and city centre car park usage in Bath，UK [J]. Journal of Transport Geography，2014，36：124-133.

[60] Saleem Karou，Angela Hull. Accessibility modelling：predicting the impact of planned transport infrastructure on accessibility patterns in Edinburgh，UK [J]. Journal of Transport Geography，2014，35：1-11.

[61] Richard Arnott，Eren Inci，John Rowse. Downtown curbside parking capacity [J]. Journal of Urban Economics，2015，86：83-97.

[62] Bruno De Borger，Antonio Russo. Lobbying and the political economy of pricing car access to downtown commercial districts，2015.

[63] Raktim Mitra，Raymond A Ziemba，Paul M Hess. Mode substitution effect of urban cycle tracks：case study of a downtown street in Toronto，Canada [J]. International Journal of Sustainable Transportation，2016，（just-accepted）.

[64] James Charlton，Bob Giddings，Emine Mine Thompson，Iwan Peverett. Understanding the interoperability of virtual city models in assessing the performance of city centre squares[J]. Environment and Planning A，2015，47（6）：1298-1312.

[65] Rodica Ciudin，Claudiu Isarie，Lucian Cioca，Valentin Petrescu，Victor Nederita，Ezio Ranieri. Vacuum waste collection system for an historical city centre [J]. UPB Scientific Bulletin，Series D，2014，76（3）：215-222.

[66] Ruth Siddall，Julie Schroder，Laura Hamilton. Building Birmingham：a tour in three parts of the building stones used in the city centre. Part 2：Centenary Square to Brindley Place [J]，2016.

[67] Ruth Siddall，Julie Schroder，Laura Hamilton. Building Birmingham：A tour in three parts of the building stones used in the city centre. Part 1：From the Town Hall to the Cathedral[J]，2016.

[68] Ignacia Torres，Margarita Greene，J de D Ortúzar. Valuation of housing and neighbourhood attributes for city centre location：a case study in Santiago [J]. Habitat International，2013，39：62-74.

[69] Andres Coca-Stefaniak. Place branding and city centre management：exploring international parallels in research and practice [J]. Journal of Urban Regeneration & Renewal，2014，7，（4）：363-369.

[70] Luisa Basset-Salom，Arianna Guardiola-Víllora. Seismic performance of masonry residential buildings in Lorca's city centre，after the 11th May 2011 earthquake [J]. Bulletin of earthquake engineering，2014，12（5）：2027-2048.

[71] Philip Ushchev，Igor Sloev，Jacques-François Thisse. Do we go shopping downtown or in the burbs? [J]. Journal of Urban Economics，2015，85：1-15.

[72] Sam Atkinson. GRANDI MAPPE DI CITTA' Oltre 70 capolavori che riflettono le aspirazioni e la storia dell'uomo [M]. Gran Bretagna. Dorling Kindersley Limited，2016.

[73] Times. The Times Atlas of Britian [M]. Times Books，77-85 Fulham Palace Road，London W6 8JB，Time Books Group Ltd，2010.

[74] Michael Underwood. Gunwharf quays Portsmouth [M]. Portsmouth. Tricorn Books：2015.

[75] Alan Hopper，John Punter. Capital Cardiff 1975-2020 regeneration，competitiveness and the urban environment [M]. Cardiff：University of Wales Press，2007.

[76] Mark Isaacs. Cardiff Old and New Photographic Memores [M]. United Kingdom. The Francis Frith Collection：2004.

[77] Alistair Lofthouse. Then & now Sheffield central [M]. Sheffield：Alistair Lofthouse，2006.

[78] Eliot Tretter. Sustainability and neoliberal urban development：the environment，crime and the remaking of Austin's downtown [J]. Urban Studies，2013，50（11）：2222-2237.

[79] 陈一新. 中央商务区（CBD）城市规划设计与实践 [M]. 北京：中国建筑工业出版社，2006.

[80] 杨俊宴. 城市中心区规划设计理论与方法 [M]. 南京：东南大学出版社，2013.

[81] 梁江，孙晖. 模式与动因——中国城市中心区的形态演变 [M]. 北京：中国建筑工业出版社，2007.

[82] 沈磊. 城市中心区规划 [M]. 北京：中国建筑工业出版社，2014.

[83]　杨俊宴. 中国城市 CBD 量化研究——形态、功能、产业 [M]. 南京:东南大学出版社，2008.

[84]　罗静，曾菊新. 城市化进程中的土地稀缺性与政府管制 [J]. 中国土地科学，2004，05: 16-20.

[85]　迟福林. 改变"增长主义"政府倾向 [J]. 行政管理改革，2012，8: 25-29.

[86]　李海青."更加注重社会公平"是对"效率优先、兼顾公平"的批判与否定么？——一种基于文本解读的理论反思 [J]. 伦理学研究，2010，6: 82-87.

[87]　姚先国. 转型发展如何摆脱"增长主义"[J]. 人民论坛·学术前沿，2012，5: 28-33.

[88]　张京祥，赵丹，陈浩. 增长主义的终结与中国城市规划的转型 [J]. 城市规划，2013，1: 45-50，55.

[89]　施卫良，邹兵，金忠民，石晓冬，丁成日，王凯，赵燕菁，郑皓，林坚，石楠. 面对存量和减量的总体规划 [J]. 城市规划，2014，11: 16-21.

[90]　邹兵. 由"增量扩张"转向"存量优化"——深圳市城市总体规划转型的动因与路径 [J]. 规划师，2013，5: 5-10.

[91]　施卫良. 规划编制要实现从增量到存量与减量规划的转型 [J]. 城市规划，2014，11: 21-22.

[92]　国家发展和改革委员会.《中华人民共和国国民经济和社会发展第十三个五年规划纲要》辅导读本 [M]. 北京: 人民出版社，2016.

[93]　邹兵. 增量规划、存量规划与政策规划 [J]. 城市规划，2013，2: 35-37，55.

[94]　石爱华，范钟铭. 从"增量扩张"转向"存量挖潜"的建设用地规模调控 [J]. 城市规划，2011，8: 88-90，96.

[95]　张波，于姗姗，成亮，廉政. 存量型控制性详细规划编制——以西安浐灞生态区 A 片区控制性详细规划为例 [J]. 规划师，2015，5: 43-48.

[96]　陈沧杰，王承华，宋金萍. 存量型城市设计路径探索: 宏大场景 VS 平民叙事——以南京市鼓楼区河西片区城市设计为例 [J]. 规划师，2013，5: 29-35.

[97]　卢丹梅. 规划: 走向存量改造与旧区更新——"三旧"改造规划思路探索 [J]. 城市发展研究，2013，6: 43-48，71.

[98]　严铮，陶承洁."存量型"城市居住旧区更新规划方法初探 [J]. 现代城市研究，2013，11: 118-120.

[99]　赵怡. 存量规划视野下的宁波城市中心区更新策略研究 [D]. 浙江大学，2015.

[100]　方勇. 城市中心区地下空间整合设计初探 [D]. 重庆大学，2004.

[101]　付玲玲. 城市中心区地下空间规划与设计研究 [D]. 东南大学，2005.

[102]　王珊. 城市中心区地下街商业活力营造设计研究 [D]. 西南交通大学，2016.

[103]　周伟民. 核心区城市更新的人行交通系统整合策略初探——以陆家嘴中心区城市地下空间设计为例 [J]. 建筑技艺，2016，4：98-101.

[104]　高跃文，邵勇. 城市中心区地下人行系统规划实践——以天津于家堡金融区为例 [C]. 2016 年中国城市交通规划年会. 深圳：中国城市规划学会城市交通规划学术委员会. 2016：8.

[105]　王荻. 存量规划背景下中心区地下空间开发利用类型研究——以上海市轨道交通南京西路站地区为例 [J]. 上海城市规划，2016，2：95-101.

[106]　薛鸣华，王旭潭. 大型综合交通枢纽带动下的城市中心区城市设计——以上海西站及其周边地块为例 [J]. 规划师，2015，8：75-80.

[107]　朱兴平，宣婷，王伟华. 城市中心区中央绿轴地下空间规划研究——以南京市浦口新城为例 [J]. 地下空间与工程学报，2014，S1：1488-1492.

[108]　王哲，洪再生. 大型综合交通枢纽带动下城市中心区的规划与发展——以天津西站城市副中心为例 [J]. 城市发展研究，2013，4：145-148.

[109]　孙靓. 城市步行化——城市设计策略研究 [M]. 南京：东南大学出版社，2012.

[110]　杰夫·斯佩克著，欧阳江南，陈明辉，范源萌译. 适宜步行的城市——营造充满活力的市中心拯救美国 [M]. 北京：中国建筑工业出版社，2016.

[111]　刘涟涟. 德国城市中心区步行区与绿色交通 [M]. 大连：大连理工大学出版社，2013.

[112]　卡门·哈斯克劳，英奇·诺尔德，格特·比科尔，格雷汉姆·克兰普顿著，郭志锋，陈秀娟译. 文明的街道——交通静稳化指南 [M]. 北京：中国建筑工业出版社，2008.

[113]　叶洋. 基于绿色交通理念的城市中心区空间优化研究 [D]. 哈尔滨工业大学，2016.

[114]　叶洋，梅洪元. 寒地城市中心区步行与公交出行的空间适宜性探析 [J]. 建筑学报，2016，S1：129-134.

[115]　周刚，王子越，陈宇恒. 地铁建设对城市中心区更新与改造的影响 [J]. 住宅与房地产，2016，3：28.

[116]　吴泳钢. 城市中心区步行系统规划设计方法初探——以虎门新中心区为例 [J]. 交通企业管理，2016，1：51-54.

[117]　何惠敏. 城市中心区交通拥堵收费可行性分析——以深圳为例 [J]. 商，2016，34：281.

[118]　金俊，齐康，张曼，乔培森. 城市 CBD 步行环境质量量化评价——以广州珠江新城和深圳福田中心区为例 [J]. 中国园林，2016，8：46-51.

[119]　王兆迪，梁文馨，李艺琳. 以慢行休闲为导向的大城市中心区步行环境调研与分析

[J]. 现代园艺，2016，12: 150-152.

[120]　李虎. 城市中心区轨道交通站点影响域步行系统空间效益研究 [D]. 重庆大学，2015.

[121]　王雅妮. 城市中心区轨道交通站点地段地下空间整合研究 [D]. 东南大学，2015.

[122]　何建军，倪敏东，毛磊波. 城市中心区步行空间的标识系统规划—以宁波市三江口滨水核心区为例 [J]. 规划师，2014，2: 41-47.

[123]　罗小虹. 国内外城市中心区立体步行交通系统建设研究 [J]. 华中建筑，2014，8: 127-131.

[124]　白韵溪. 轨道交通影响下的城市中心区更新策略研究 [D]. 大连理工大学，2014.

[125]　胡万欣. 市场化条件下城市中心区机动车停车收费定价策略研究 [D]. 西南交通大学，2014.

[126]　拓莉娜. 城市中心区交通微循环改善探究 [J]. 交通企业管理，2014，5: 45-47.

[127]　王剑. 步行化设计策略在我国大城市中心区建设中的实践意义 [D]. 天津大学，2014.

[128]　周静. 城市中心区交通拥堵收费有效性评价研究 [D]. 西南交通大学，2014.

[129]　庄宇，祝狄烽，胡晓忠. 地铁站域多层面步行路径的密度和转换分析——以沪、港城市中心区的四个案例为样本 [J]. 城市建筑，2014，3: 35-38.

[130]　王晓南，陈啸. 城市中心区空中步行系统初探——以加拿大卡尔加里"+15 walkway"为例 [J]. 四川建筑科学研究，2013，5: 267-273.

[131]　张嘉懿. 基于步行城市构想的城市中心区步行系统设计探索 [J]. 中华民居（下旬刊），2013，6: 23-24.

[132]　陈前虎，方丽艳，邓一凌. 异质性视角下的街区复合环境与步行行为研究——以杭州为例 [J]. 城市规划，2017，41（9）: 48-57.

[133]　刘珺，王德，朱玮，王昊阳，王灿. 基于行为偏好的休闲步行环境改善研究 [J]. 城市规划，2017，41（9）: 58-63.

[134]　新华社. 迈向"城市中国"需要系统性综合布局——中央财经领导小组会议传递"十三五"城市发展新动向 [N/OL]. 2015-11-10[2016-06-25]. http: //news.xinhuanet.com/fortune/2015-11/10/c_1117101673.htm.

[135]　陈锡文. 推进以人为核心的新型城镇化 [M]//《中共中央关于制定国民经济和社会发展第十三个五年计划的建议》辅导读本. 北京: 人民出版社，2015: 134-140.

[136]　梁鹤年. 外国的泥土 [J]. 城市规划，2006，10: 85-88.

[137]　秦红岭. 追求以人为本的城市规划 [J]. 城乡建设，2009，9: 48-49.

[138]　郑功成. 中国社会公平状况分析——价值判断、权益失衡与制度保障 [J]. 中国人民

大学学报，2009，2：2-11.

[139] 秦红岭.论城市规划中的"以人为本"[J].理论月刊，2009，9：79-82.

[140] 汪程，黄春晓，李鹏飞，王超.城市中心区人群空间利用的时空特征及动因研究——以南京市新街口地区为例[J].现代城市研究，2016，7：59-67.

[141] 王超.基于女性视角的城市中心区空间环境特征及设计研究[D].南京大学，2016.

[142] 黄关子.城市滨水绿地设计思路探讨——以"南沙蕉门河中心区南滨水角公园"为例[J].低碳世界，2016，33：155-157.

[143] 雷宇.城市旧中心区开放空间环境分析与改造研究[D].大连工业大学，2015.

[144] 钱舒皓.城市中心区声环境与空间形态耦合研究[D].东南大学，2015.

[145] 孙欣.城市中心区热环境与空间形态耦合研究[D].东南大学，2015.

[146] 张涛.城市中心区风环境与空间形态耦合研究[D].东南大学，2015.

[147] 王淼.高密度状态下城市中心区空间设计的研究[D].太原理工大学，2015.

[148] 白韵溪，陆伟，刘涟涟.基于立体化交通的城市中心区更新规划——以日本东京汐留地区为例[J].城市规划，2014，7：76-83.

[149] 郭晓宇，郭小东，顾建波.城市中心区街道美学下的安全设计——以北京市丽泽商务区为例[J].城市发展研究，2014，5：9-12+29.

[150] 王冰冰，康健.城市中心区大体量建筑对城市空间宜人性的影响[J].建筑学报，2013，11：20-24.

[151] 陈一新.深圳福田中心区（CBD）城市规划建设三十年历史研究[M].南京：东南大学出版社，2015.

[152] 王朝辉，李秋实，吴庆洲.现代国外城市中心商务区研究与规划[M].北京：中国建筑工业出版社，2002.

[153] Mike Biddulph. Home zones a planning and design handbook [M]. Bristol: The Policy Press，2001.

[154] WIKIPEDIA. Home Zone [N/OL]. [2017-06-01]. https：//en.wikipedia.org/wiki/Home_zone.

[155] Carmen Hass-Klau. The pedestrian and city traffic [M]. London：Belhaven，1990.

[156] The Highland Council. Transport，environmental and community services committee —16 November 2006 consultation on home zones guidance report by the acting director of transport，environmental and community services [Z]. 2006.

[157] Louise Butcher. Roads：home zones [M]. UK: Business and Transport，2010.

[158] Hansard. Local Acts Ch XCVii [Z]. 1933.

[159]   Ministry of War Transport. Design and layout of roads in built up areas [M]. London：Her Majesty's Stationery Office，1946.

[160]   British Parliament. Transport act 2000 [Z]. 2000.

[161]   Scottish Government. Home zones guidance consultation [Z]. 2002.

[162]   Gateshead Council. Home zone design guide for gateshead [Z]. 2005.

[163]   Sheffield City Council. Sheffield home zone guidelines [Z]. 2008.

[164]   Sheffield City Council. Home zones [N/OL]. [2017-06-02]. https：//www. sheffield.gov.uk/home/planning-development/policies-plans/home-zones.

[165]   EAST LOTHIAN COUNCIL. Design standards for new housing areas [Z]. 2008.

[166]   Leeds City Council. Street design guide Leeds local development framework [Z]. 2009.

[167]   Newcastle City Council. Street design guide developer guidance（March 2011） [Z]. 2011.

[168]   Wakefield Council. Wakefield council street design guide a guide for residential, commercial and mixed use development in Wakefield district [Z]. 2012.

[169]   South Gloucestershire Council. South Gloucestershire Council living streets a guide to the design of informal home zones in new developments for South Gloucestershire [Z]. 2013.

[170]   Carmen Hass-Klau. Pedestrianization，public transport and traffic calming in West Germany [M]// Carmen Hass-Klau. The Pedestrian and the City. New York and London：Routledge，2015：46-58.

[171]   British Road Federation. Basic road statistics 1987 [Z]. 1987：4.

[172]   Transport and Road Research Laboratory. Urban Safety Project，2. Inerim Results for Area-wide Schemes，Research Report 154 [Z]. 1988：1.

[173]   Traffic Advisory Unit Department of Transport. Measures to control traffic for the benefit of resident，Pedestrians and Cyclists[M]. London：Her Majesty's Stationery Office，1987.

[174]   Carmen Hass-Klau. Environmental traffic management：pedestrianisation and traffic restraint—a contribution to road safety [C]. TRANSPORT POLICY. PROCEEDINGS OF SEMINAR K HELD A SUMMER ANNUAL MEETING, UNIVERSITY OF SUSSEX，ENGL，1986.

[175]   Philip H Bowers. Environmental traffic restraint：German approaches to traffic management by design [J]. Built Environment（1978- ），1986：60-73.

[176]　E Dalby. Self-enforcing systems for controlling traffic speed in urban areas—a survey of British experience, Department of Transport [Z]. 1988.

[177]　Kent County Council, Allan Mowatt. Traffic calming: a code of practice [J]. Highways & Transportation. Kent County Council, 1994.

[178]　Devon County Council. Traffic calming guidelines [S]. 1991.

[179]　Devon County Council. Traffic calming guidelines [J]. Devon County, Exeter, England, 1991.

[180]　Carmen Hass-Klau, Inge Nold, Geert Böcker, Graham Crampton. Civilised streets: a guide to traffic calming [M]. 1992.

[181]　Traffic Advisory Unit Department of Transport. 20mph speed limit zones, advisory leaflet [M]. London: Her Majesty's Stationery Office, 1991.

[182]　David C Webster, Roger E Layfield. Review of 20 mph zones in London Boroughs [M]. TRL Limited, 2003.

[183]　British Parliament. Traffic calming act 1992 [M]. London: Her Majesty's Stationery Office, 1992.

[184]　Traffic Advisory Unit Department of Transport. white paper: roads to porsperity [M]. London: Her Majesty's Stationery Office, 1989.

[185]　Sally Cairns, Carmen Hass-Klau, PB Goodwin. Traffic impact of highway capacity reductions: assessment of the evidence [M]. Landor Publishing, 1998.

[186]　Local Transport Today. New speed limit advice backs Portsmouth-style 20mph limits [M]. LTT535, London: Local Transport Today, 2009.

[187]　John Roberts. User-friendly cities: What Britain can learn from mainland Europe [J]. TEST PUBLICATION, DISCUSSION PAPER, 1989 (N90).

[188]　Transport and the Regions Department of the Environment. White paper: a new deal for transport [M]. London: Her Majesty's Stationery Office, 1998.

[189]　Carmen Hass-Klau. British attempts to achieve better walking conditions in the late 1970s to the 1990s [M]// Carmen Hass-Klau. The pedestrian and the city. New York and London: Routledge, 2015: 46-58.

[190]　Department for transport. Transport Ten Year Plan 2000 [Z] 2000.

[191]　Carmen Hass-Klau. Walking in Great Britain and the Greater London case study [M]// Carmen Hass-Klau. The pedestrian and the city. New York and London: Routledge 2015: 46-58.

[192]　Transport and the Regions Department of the Environment. The 10 years plan

[M]. London: Her Majesty's Stationery Office: 2000.

[193]　王建国，刘博敏，阳建强. 城市设计 [M]. 北京：中国建筑工业出版社，2009.

[194]　沈磊，陈天. 城市中心区规划 [M]. 北京：中国建筑工业出版社，2014.

[195]　安德鲁·塔隆（Andrew Tallon）著. 杨帆，译. 英国城市更新 [M]. 上海：同济大学出版社，2017.

[196]　Citypopulation. United Kingdom: countries and major cities（United Kingdom of Great Britain and Northern Ireland）[N/OL]. 2016-11-30[2017-03-27]. https://www.citypopulation.de/UK-Cities.html.

[197]　S Ol of Gunnarsson. The pedestrian and the city—a historical review, from the hippodamian city, to the modernistic city and to the sustainable and walkingfriendly city [C]. Copenhagen, Denmark: Walk21-V Cities for People, 2004.

[198]　Hass-Klau C. Environmental traffic management: pedestrianisation and traffic restraint—a contribution to road safety [C]. Transport policy, proceedings of seminar K held a summer annual meeting. England: University of Sussex, 1986.

[199]　BOWERS P H. Environmental traffic restraint: German approaches to traffic management by design [J]. Built Environment（1978-），1986: 60-73.

[200]　Hass-Klau C, Nold I, Böcker G, et al. Civilised streets: a guide to traffic calming [M]. 1992.

[201]　Department for Transport. Framework for a local walking strategy [M]. London: Her Majesty's Stationery Office，1998.

[202]　Department for Transport, Great Minster House. The future of transport [M] London: Her Majesty's Stationery Office，2004.

[203]　Birmingham City Council. Birmingham development plan, part of Birmingham's local plan : for sustainable growth adopted January 2017 [Z]. 2017.

[204]　TIMES. The Times atlas of Britain[M]. London: Times Books Group Ltd，2010.

[205]　COLLINS. 2001 Collins handy town plan atlas Britain with approach routes [M]. London: Harper Collins Publishers Ltd，2000.

[206]　Alexander. Alexander town routes and motor manual [M] London: Duckham House，1934: 16-18.

[207]　Odhams. Odhams road atlas of Great Britain [M]. London: Odhams Press Limited & George Philip & Son，Ltd，1961.

[208]　John Bartholomew & Son. Road atlas of Great Britain [M]. Scotland: John Bartholomew & Son Ltd，1976.

[209] Automobile Association. AA Great Britain road atlas [M]. Hampshire：The Automobile Association，1989.

[210] Automobile Association. AA 2006 road atlas Britain [M]. Hampshire：Automovile Association Developments Limited，2005.

[211] Collins. 2009 Collins road atlas Britain [M]. London：Harper Collins publishers Ltd，2008.

[212] Harold Fullard. Esso road atlas of Great Britain & Ireland [M]. London：Esso Petroleum Company，Limited，1972.

[213] Harold Fullard. Esso Road Atlas of Great Britain & Ireland [M]. London：Esso Petroleum Company，Limited，1973.

[214] Harold Fullard. Esso road atlas of Great Britain & Ireland [M]. London：Esso Petroleum Company，Limited，1975.

[215] Automobile Association. AA 2016 concise road atlas Britain [M]. Hampshire：AA Media Limited，2015.

[216] Dave Hill. Pedestrianisation of Oxford Street：pledges，trade and trade-offs [N/OL]. 2016-07-19[2016-12-14]. https：//www.the guardian.com/uk-news/davehillblog/2016/jun/19/pedestrianisation-of-oxford-street-pledges-trade-and-trade-offs.

[217] Press Association. Oxford Street to be car-free by 2020 in bid to tackle air pollution [N/OL]. 2016-07-14[2016-12-12]. http：//www.telegraph.co.uk/news/2016/07/14/oxford-street-to-be-car-free-by-2020-in-bid-to-tackle-air-pollut/.

[218] John Bartholomew & Son. Road atlas of Great Britain [M].Edinburgh：John Bartholomew & Son Ltd，1972.

[219] Alamy. Christmas lights illuminated a busy Church Street，Liverpool，packed with christmas shoppers looking for a bargain. 22nd November 1968 [N/OL]. [2017-05-04]. http：//www.alamy.com/stock-photo-christmas-lights-illuminated-a-busy-church-street-liverpool-packed-83559663.html.

[220] Gettyimages. Church Street，Liverpool，1985 [N/OL]. [2017-05-04]. http：//www.gettyimages.co.uk/detail/news-photo/christmas-shoppers-on-church-street-one-of-liverpools-news-photo/639327392#christmas-shoppers-on-church-street-one-of-liverpools-shopping-areas-picture-id639327392.

[221] Wikipedia. Oxford Street [N/OL]. [2017-05-04]. https：//en.wikipedia.org/wiki/Oxford_Street#CITEREFTfL2014.

[222]　Ane Tyler. All change in Birmingham city centre as buses are taken out of Corporation Street MAJOR changes are to be unveiled today for Birmingham city centre bus passengers [N/OL]. 2012-07-05[2016-12-12]. http：//www.birminghammail. co.uk/news/local-news/all-change-in-birmingham-city-centre-as-buses-188030.

[223]　Cynthia Skelhorn，Sarah Lindley，Geoff Levermore. The impact of vegetation types on air and surface temperatures in a temperate city：A fine scale assessment in Manchester，UK [J]. Landscape and Urban Planning，2014，121：129-140.

[224]　M Schlossberg，N Brown. Comparing transit-oriented development sites by walkability indicators [M]. 2004.

[225]　Birmingham City Council. Greater Birmingham and Solihull LEP Birmingham City centre enterprise zone investment plan June 2012 [Z]. 2012.

[226]　Birmingham City Council. Economic zones investing in Birmingham [Z]. 2012.

[227]　Birmingham City Council. Birmingham city centre enterprise zone prospectus February 2013 [Z]. 2013.

[228]　后文君，葛天阳，阳建强. 步行优先的城市中心区空间组织与更新——以英国伯明翰为例 [J]. 城市规划，2019，43（10）：102-113.

[229]　Collins. 2015 Collins Britain essential road atlas [M]. Glasgow：Harper Collins publishers Ltd，2014.

[230]　Walk21 Committee. Conference Conclusions [C]. Perth：Walk21，2001.

[231]　Robert Cervero，Jennifer Day. Suburbanization and transit-oriented development in China [J]. Transport Policy，2008，15（5）：315-323.

[232]　Robert Cervero，Christopher Ferrell，Steven Murphy. Transit-oriented development and joint development in the United States：a literature review [J]. TCRP Research Results Digest，2002.

[233]　Hank Dittmar，Gloria Ohland，foreword by Peter Calthorpe. The new transit town：best practices in transit-oriented development [M]. Island Press，2004.

[234]　Hyungun Sung，Ju Taek Oh. Transit-oriented development in a high-density city：identifying its association with transit ridership in Seoul，Korea [J]. Cities，2011，28（1）：70-82.

[235]　马强. 走向"精明增长"：从"小汽车城市"到"公共交通城市"[M]. 北京：中国建筑工业出版社，2007.

[236]　Cardiff Bus. Network maps [N/OL]. 2016-[2016-12-26]. http：//www.cardiffbus. com/english/page.shtml?pageid=615.

[237] 葛天阳，后文君.卡迪夫城市公交系统[J].城市发展研究，2014，21（增刊2）: 46.

[238] Cardiff Bus. Where to catch your bus in Cardiff city centre [N/OL]. 2016-[2016-12-26]. http：//www.buscms.com/CardiffBus/uploadedfiles/images/maps/where_to_catch_your_bus_from_9_Oct_2016.pdf.

[239] Derby City Council. Derby city bus network guide [N/OL]. 2014-12[2017-05-10]. http：//www.derbyconnected.com/wp-content/uploads/2013/09/Derby-City-MG-new-version.pdf.

[240] Network west midlands. Bus and rail services in Coventry [N/OL]. 2017-04-11[2017-05-10]. http：//static.centro.org.uk/documents/nwm/Map-Guides/Coventry-WEB.pdf.

[241] Arriva. Services in Liverpool [N/OL]. 2015-11-11 [2017-05-10]. https：//www.arrivabus.co.uk/globalassets/documents/multi-journey-saver-tickets/north-west/liverpool-network-map.pdf.

[242] Merseytravel. Liverpool area includes Knowsley and South Sefton public transport map and guide [N/OL]. 2017-01-22[2017-05-10].

[243] Nottingham City Transport. Nottingham city transport：your frequent city bus network [N/OL]. 2015-03[2017-05-10]. https：//www.nctx.co.uk/wp-content/uploads/2011/12/Nottingham-Colour-Coded-Map2.pdf.

[244] Nottingham City Transport. Catching your bus in the city centre [N/OL]. 2017-01-09[2017-05-10]. https：//www.nctx.co.uk/wp-content/uploads/2011/12/Nott%E2%80%99m-City-Centre-Bus-Stop-Map-WEB1.pdf.

[245] METRO. Leeds city bus / Service 5 [N/OL]. [2017-05-10].

[246] Map Moose. Leeds map [N/OL]. 2014-01-01[2016-12-26]. http：//www.mapmoose.com/leeds.html.

[247] Pindar Creative. Here are the stops where you can catch your bus from Leeds city centre [N/OL]. 2017-01-03[2017-05-10]. http：//www.wymetro.com/uploadedFiles/WYMetro/Content/BusTravel/maps_and_guides/Leeds_WTCYB（1）.pdf.

[248] First Leeds. Changes & improvements to Leeds citybus [N/OL]. 2016-02-21[2017-05-10]. https：//www.firstgroup.com/leeds/news-and-service-updates/planned-changes/changes-improvements-leeds-citybus.

[249] Leeds-City-Council. Investing in public transport a framework for Leeds March 2009 [N/OL]. 2009-03[2016-12-26]. http：//www.ngtmetro.com/uploadedfiles/content/documents/archive/aframeworkforleeds_summary.pdf.

[250] John Bartholomew & Son. Road atlas of Great Britain [M].Edinburgh：John Bartholomew & Son Ltd，1967.

[251] Harold Fullard. Esso road atlas of Great Britain & Ireland [M]. Great Britain：1978 Esso Petroleum Company，Limited，1978.

[252] Automobile Association. AA directory of town plans in Britain [M]. Hampshire：The Automobile Association，1986 &1985.

[253] Automobile Association. AA glovebox atlas town plans of Britain [M]. Hampshire：The Automobile Association，1992.

[254] Automobile Association. AA Great Britain road atlas 2002 [M]. Hampshire：Automovile Association Developments Limited，2001.

[255] Automobile Association. AA 2003 road atlas Britain [M]. Verkshire：Automovile Association Developments Limited，2002.

[256] 戴志中 . 国外步行商业街区 [M]. 东南大学出版社：2006.

[257] Harold Fullard. Esso road atlas of Great Britain & Ireland [M]. London：1970 Esso Petroleum Company，Limited，1970.

[258] Wikipedia. Coventry Ring Road [N/OL]. [2017-05-17]. https：//en.wikipedia.org/wiki/Coventry_Ring_Road.

[259] Automobile Association. AA glovebox atlas town plans of Britain [M]. Hampshire：The Automobile Association，1994.

[260] Albert Smith，David Fry. The Coventry we have lost volume 1（Second Edition）[M]. Berkswell：Simanda Press，2009.

[261] Odhams. Odhams road atlas of Great Britain [M]. London：Odhams Press Limited & George Philip & Son，Ltd，1953.

[262] Geographia. National Benzole 57 town plans：find your way at once [M]. London：'Geographia' LTD.，1961.

[263] Johnston. Autoway Atlas with touring area maps Great Britain & Ireland [M]. Edinburgh &London：W. & A. K. Johnston & G. W. bacon ltd，1967.

[264] Automobile Association. AA Great Britain road atlas [M]. Hampshire：Geographia Ltd. & The Automobile Association，1981.

[265] SABRE. A4150 [N/OL]. [2021-06-05]. https：//www.sabre-roads.org.uk/wiki/index.php?title=A4150.

[266] Wolverhampton Council. Wolverhampton of the future [M]. The Reconstruction Committee，1944.

[267]　Bev Parker. Wolverhampton of the future [N/OL]. http：//www.historywebsite. co.uk/articles/future/wolverhampton.htm.

[268]　SABRE. File：A4150plan.jpg[N/OL]. 2009-07-17[2017-05-18]. https：//www. sabre-roads.org.uk/wiki/index.php?title=File：A4150plan.jpg.

[269]　2005 Wolverhampton City Council. The history of Wolverhampton [N/OL]. 2005-[2017-01-06]. http：//www.wolverhamptonhistory.org.uk/people/at_war/ww2/ peace3/road/index.html?sid=972209543a830676a082e381e8e9646c.

[270]　Automobile Association. AA for the road ahead glovebox atlas Britain with 85 town plans（14th Edition）[M]. Hampshire：AA Media Limited，2013.

[271]　Automobile Association. AA Great Britain road atlas 1998 [M]. Hampshire：The Automobile Association ，1997.

[272]　SABRE. A5008[N/OL]. [2017-05-18]. https：//www.sabre-roads.org.uk/wiki/ index.php?title=A5008.

[273]　James@Redish. Bristol Car Show - Queens Square BS1 4AJ - Every 2nd Sunday of the Month [N/OL]. [2017-01-12]. http：//forums.m3cutters.co.uk/showthread. php?t=65117.

[274]　Destination Bristol 2017. Queen square [N/OL]. 2017-[2017-01-12]. http：// visitbristol.co.uk/things-to-do/queen-square-p38651.

[275]　Sam Athinson. Grandi mappe di citta oltre 70 capolavori che riflettono le aspirazioni e la storia dell'uomo [M]. London：Dorling Kindersley Limited，2016.

[276]　Collins. Collins road atlas of Britain and Ireland [M]. Glasgow：Wm Collins Sons & Co Led：1984.

[277]　孙然 . 你好 2015[J]. 旅游地理与你同行中国铁路文艺，2015（2）：72-81.

[278]　Richard. Princes street to become beer garden [N/OL]. 2013-04-01[2017-07- 12]. http：//thebeercast.com/2013/04/princes-street.html.

[279]　Wikipedia. Liverpool One [N/OL]. [2017-05-25]. https：//en.wikipedia.org/wiki/ Liverpool_One.

[280]　Cusham& Wakefield. Liverpool One [N/OL]. [2017-05-25]. http：//www. cushmanwakefield.co.uk/en-gb/case-studies/2014/03/liverpool-one/.

[281]　David Littlefield. Liverpool One：remaking a city centre [M]. Wiley：2009.

[282]　Wikipedia. Building design partnership [N/OL]. [2017-05-25]. https：// en.wikipedia.org/wiki/Building_Design_Partnership.

[283]　Wikipedia. RIBA Stirling Prize [N/OL]. [2017-05-25]. https：//en.wikipedia.org/

wiki/Stirling_Prize.

[284] Liverpool One. Map [N/OL]. [2017-05-23]. https：//www.liverpool-one.com/
plan-your-visit/map/.

[285] Adrian Welch. Liverpool One：Architecture Information + Images：Property
Development for Grosvenor，northwest England，UK[N/OL]. 2014-03-06[2017-
05-26].

[286] David Taylor，Terry Davenport. Liverpool：regeneration of a city centre [M].
BDP，2009.

[287] BDP. Liverpool One car park [N/OL]. 2015-[2016-12-30]. http：//www.bdp.com/
en/projects/f-l/liverpool-one-car-park/.

[288] Wikipedia. Trinity Leeds [N/OL]. [2017-05-26]. https：//en.wikipedia.org/wiki/
Trinity_Leeds.

[289] Chapman Taylor. Trinity Leeds—winner of best designed shopping centre in
the world award [N/OL]. [2017-05-28]. http：//www.chapmantaylor.com/en/projects/
detail/trinity-leeds/en/.

[290] Trinity Leeds. Centre map [N/OL]. 2016-[2016-12-30]. https：//trinityleeds.com/
shops/centre-map.

[291] Wikipedia. St. David's，Cardiff [N/OL]. [2017-05-29]. https：//en.wikipedia.org/
wiki/St_David%27s，_Cardiff.

[292] Wikipedia. Queens arcade [N/OL]. [2017-05-29]. https：//en.wikipedia.org/wiki/
Queens_Arcade.

[293] Wikipedia. List of shopping centres in the United Kingdom by size [N/OL].
[2017-05-29]. https：//en.wikipedia.org/wiki/List_of_shopping_centres_in_the_United_
Kingdom_by_size.

[294] Automobile Association. AA Great Britain road atlas [M]. Hampshire：
Automobile Association Developments Limited，2006.

[295] Queeds Arcade. Store map [N/OL]. [2017-05-29]. http：//www.
queensarcadecardiff.co.uk/stores/store-map.html.

[296] Yumpu. download-st-davids-letting-plans[N/OL]. [2017-05-29]. https：//
www.yumpu.com/en/document/view/6112236/download-st-davids-letting-plans-pdf-
893kb.

[297] Hulton Archive. London city 1920s pictures and images [N/OL]. [2017-05-21].
http：//www.gettyimages.co.uk/photos/london-city-1920s?excludenudity=true&sort=m

ostpopular&mediatype=photography&phrase=london%20city%201920s.

[298] IanVisits. 50 years ago—a huge steel umbrella for Oxford Circus tube station[N/OL]. 2013-08-22[2017-05-21]. https：//www.ianvisits.co.uk/blog/2013/08/22/50-years-ago-a-huge-steel-umbrella-for-oxford-circus-tube-station/.

[299] G Coupe，C Greenwood，P Fraser，M Hinks. Visualising the New Oxford Circus junction in London，UK [J]. Proceedings of the Institution of Civil Engineers-Civil Engineering，2014，167（5）：25-32.

[300] Chris Greenwood. "Scramble" crossings：a case study of the Oxford Circus scheme [J]. Traffic Engineering & Control，2010：51.

[301] City-of-Westminster，Transport-for-London，New-West-End-Company，The-Crown-Estate. Oxford Circus Pedestrian momtnet [Z]. 2008.

[302] City-of-Westminster，Transport-for-London，New-West-End-Company，The-Crown-Estate. Oxford Circus pedestrian improvements [Z]. 2008.

[303] Transport-for-London，New-West-End-Company，City-of-Westminster. Oxford Street，regent street and bond street：an action plan for the retail streets [Z]. 2008.

[304] Wikipedia. Pedestrian scramble [N/OL]. [2016-10-10]. https：//en.wikipedia.org/wiki/Pedestrian_scramble.

[305] Federal-Highway——Administration. Where was the first walk/don't walk sign installed? addendum：the barnes dance [N/OL]. 2015-11-18[2016-10-10]. http：//www.fhwa.dot.gov/infrastructure/barnes.cfm.

[306] Brian Rudman. Rudman's city：car-crazy engineers set on banning the Barnes dance [N/OL]. 2001-08-07[2016-10-10]. http：//www.nzherald.co.nz/nz/news/article.cfm?c_id=1&objectid=205462&pnum=0.

[307] Bonnie Alter. London pedestrians cross at new Japanese-style "scramble crossing" [N/OL]. 2009-11-03. https：//www.treehugger.com/cars/london-pedestrians-cross-at-new-japanese-style-scramble-crossing.html.

[308] Richard Waite. Oxford Circus gets Japanese-style "desire line" crossing [N/OL]. 2009-11-05[2017-05-21]. https：//www.architectsjournal.co.uk/home/-oxford-circus-gets-japanese-style-desire-line-crossing/5210489.article.

[309] luvtheearth1984. Shibuya crossing，Shibuya，Tokyo，Japan [N/OL]. 2016-07-12[2017-05-21]. http：//www.dronestagr.am/shibuya-crossing-shibuya-tokyo-japan/.

[310]　Japan Info. Shibuya Crossing，the greatest tourist attraction in Japan [N/OL]. 2015-11-04[2017-05-21]. http：//jpninfo.com/29485.

[311]　Atkins. Oxford Circus diagonal crossings (Long Pres Version),Atkins Limited [N/OL]. 2012-08-16[2016-10-10]. https：//www.youtube.com/watch?v=VuUG0Xint54.

[312]　Transport-for-London. Oxford Circus diagonal crossing lessons learned report March 2010 [N/OL]. [2016-10-10]. http：//thinkingwriting.qmul.ac.uk/wishees/collections/employment/tfl/Transport%20for%20London%20Two%20Reports/PDFs/58442.pdf.

[313]　BBC. Oxford Circus "X-crossing" used by 90 million people—BBC News [N/OL]. [2016-10-10]. http：//www.bbc.co.uk/news/uk-england-london-11672984.

[314]　Adrian Welch. Oxford street diagonals [N/OL]. [2016-10-10]. http：//www.e-architect.co.uk/london/oxford-street-diagonals.

[315]　Mirror CO. UK. Oxford Circus gets the "X Factor" as new crossing is opened [N/OL]. 2009-11-03[2017-05-21]. http：//www.mirror.co.uk/news/uk-news/oxford-circus-gets-the-x-factor-428727.

[316]　Kaye Alexander. Re-imagining Oxford Circus [N/OL]. 2009-04-15[2017-05-21]. https：//www.architectsjournal.co.uk/re-imagining-oxford-circus/5200512.article.

[317]　Dougrose. Oxford Circus big [N/OL]. [2017-05-21]. http：//www.dougrose.co.uk/oxford_circus_big.htm.

[318]　Transport-for-London. Buses from Oxford Circus[Z]. 2014.

[319]　Transport-for-London. Night buses from Oxford Circus[Z]. 2014.

[320]　Transport-for-London. Tube map[Z]. 2017.

[321]　Transport-for-London. Walking steps between stations on the same line[Z]. 2017.

[322]　周群,马林兵,陈凯,曹小曙. 一种改进的基于空间句法的地铁可达性演变研究——以广佛地铁为例 [J]. 经济地理, 2015, 3: 100-107.

[323]　梁鹤年. 旧概念与新环境：以人为本的城镇化 [M]. 北京：三联书店, 2016.

[324]　阳建强,杜雁. 城市更新要同时体现市场规律和公共政策属性 [J]. 城市规划, 2016, 1: 72-74.

[325]　阳建强,杜雁,王引,段进,李江,杨贵庆,杨利,王嘉,袁奇峰,张广汉,朱荣远,王唯山,陈为邦. 城市更新与功能提升 [J]. 城市规划, 2016, 1: 99-106.

[326]　周显坤. "以人为本"的规划理念是如何被架空的 [J]. 城市规划, 2014 (12): 59-64.

[327]　张京祥. 西方城市规划思想史纲 [M]. 南京：东南大学出版社，2005.

[328]　张德胜，金耀基，陈海文，陈健民，杨中芳，赵志裕，伊莎白. 论中庸理性：工具理性、价值理性和沟通理性之外 [J]. 社会学研究，2001，2：33-48.

[329]　陈晓东. 致中和——论城市规划领域的中庸理性复归 [J]. 城市规划，2014（11）：65-70.

[330]　栾峰. 战后西方城市规划理论的发展演变与核心内涵——读 Nigel Taylor 的《1945年以来的城市规划理论》[J]. 城市规划汇刊，2004，6：83-87，96.

[331]　葛天阳，后文君. 南京河西地区步行系统的不足及优化策略 [J]. 建筑与文化，2017，154（1）：221-222.

[332]　人民交通出版社. 江苏省及浙沪地区公路里程地图册 [M]. 北京：人民交通出版社，2017.

[333]　山东省地图出版社. 新编江苏省地图册 [M]. 济南：山东省地图出版社，2016.

[334]　山东省地图出版社. 江苏和上海、浙江、安徽、山东高速公路及城乡公路网地图册 [M]. 济南：山东省地图出版社，2017.

[335]　天域北斗. 江苏及周边地区公路里程地图册 [M]. 北京：中国地图出版社，2017.

[336]　天域北斗数码科技有限公司. 江苏及周边省区公路网地图集：苏沪浙皖鲁 [M]. 北京：中国地图出版社，2017.

[337]　中国地图出版社. 中国地图册 [M]. 北京：中国地图出版社，2015.

[338]　中国地图出版社. 中国分省系列地图册江苏 [M]. 北京：中国地图出版社，2016.

[339]　余红红，柳波. 慢行交通衔接常规公交的换乘时间分析 [J]. 公路与汽运，2012（4）：50-52.

[340]　刘迁. 城市快速轨道交通线网规划发展和存在问题 [J]. 城市规划，2002（11）：71-75.

[341]　赵守谅. 论城市规划中效率与公平的对立与统一 [J]. 城市规划，2008（11）：62-66.

[342]　康继军，郭蒙，傅蕴英. 要想富，先修路？——交通基础设施建设、交通运输业发展与贫困减少的实证研究 [J]. 经济问题探索，2014，9：41-46.

[343]　王志高. 尺度、密度、面积率——中国城市道路规划建设指标的启示 [C]. 2014（第九届）城市发展与规划大会. 天津：中国城市科学研究会、天津市滨海新区人民政府，2014：6.

[344]　中华人民共和国建设部. 城市道路交通规划设计规范 GB 50220-95 [S]. 1995.

[345]　新华社. 中共中央国务院关于进一步加强城市规划建设管理工作的若干意见 [N/OL]. 2016-02-06[2016-06-26]. http：//www.gov.cn/zhengce/2016-02/21/

content_5044367.htm.

[346] 阳建强.基于文化生态及复杂系统的城乡文化遗产保护 [J].城市规划，2016，4：103-109.

[347] 葛天阳，阳建强，后文君.基于存量规划的更新型城市设计——以郑州京广路地段为例 [J].城市规划，2017，7：62-71.

[348] 习近平.聚焦发力贯彻五中全会精神 确保如期全面建成小康社会 [Z].2016.

[349] 国务院.中国供给侧结构性改革 [M].北京：人民出版社，2016.

[350] Robert Costanza，Herman E. Daly. Natural capital and sustainable development [J]. Conservation Biology，2010，6（1）：37-46.

[351] Samuel O Idowu. World business council for sustainable development [M]. Heidelberg：Springer，2013.

[352] Ade Olaiya. Transforming our world：the 2030 agenda for sustainable development international [J]. Civil Engineering，2015，24（1）：26-30.

[353] 李贺.中国经济增长方式转换和增长可持续性 [J].商场现代化，2015（16）：272-272.

[354] 马传栋.可持续发展经济学 [M].北京：中国社会科学出版社，2015.

[355] 毛志锋.人类文明与可持续发展 [M].吉林出版集团有限责任公司，2016.

[356] 张占仓.中国经济新常态与可持续发展新趋势 [J].河南科学，2015（1）：91-98.

[357] 中华人民共和国住房和城乡建设部.城市步行和自行车交通系统规划标准 GB/T 51439—2021 [S].北京：中国建筑工业出版社，2021.

[358] 郎咸平，肖锋，王牧笛.《财经郎眼》20160620：破解堵城之困 [N/OL].2016-06-21[2016-06-28]. http：//www.le.com/ptv/vplay/25816019.html?ch=baidu_v&vfm=bdvtx&frp=v.baidu.com%2Fshow_intro%2F&bl=jp_video&ref=bdvsf.

[359] 李晔.《上海市慢行交通系统规划》解读 [J].建设科技，2009（17）：56-59.

[360] 熊文，黎晴，邵勇，李娟.向世界级城市学习：天津市滨海新区 CBD 慢行交通规划 [J].城市交通，2012，1：38-53.

[361] Gavin Coupe，Chris Greenwood，Paul Fraser，Mark Hinks. Visualising the New Oxford Circus junction in London，UK [C]：Proceedings of the ICE-Civil Engineering，2014：25-32.

[362] Mark Isaacs. Cardiff old and new—photographic memories [M]. Great britain. The Francis Frith Collection：2004.

[363] 刘志林，秦波.城市形态与低碳城市：研究进展与规划策略 [J].国际城市规划，2013，2：4-11.

[364]　潘海啸，汤諹，吴锦瑜，卢源，张仰斐 . 中国"低碳城市"的空间规划策略 [J]. 城市规划学刊，2008，6：57-64.

[365]　顾大治，周国艳 . 低碳导向下的城市空间规划策略研究 [J]. 现代城市研究，2010（11）：52-56.

[366]　卢有朋，陈锦富，朱小玉 . 基于出行需求的大城市中观尺度空间布局优化策略——以武汉市关山口街区为研究案例 [J]. 城市发展研究，2015，9：96-101，124.

[367]　周文竹，阳建强，葛天阳，徐晨 . 城市用地"3D"发展模式研究——一种基于减少机动化需求的规划理念 [J]. 城市规划，2012，10：51-57.